Modellbahn-Anlagen mit Pfiff

Modellbahn-Anlagen mit Pfiff

Konzepte
Gleispläne
3D-Ansichten

25 geniale Vorschläge von
Ivo Cordes

Der Autor (rechts im Bild), Jahrgang 1948, hatte schon immer Interesse an Großtechnik aller Art. Er steht sicher nicht allein mit der Meinung, dass die Eisenbahn die weitestgehenden Möglichkeiten bietet, deren Bewegungen und Zweckbestimmung auch eindrucksvoll und sinnfällig ins Modell zu übertragen. Für ein wirklich anregendes Spiel kann nur eine überlegt geplante und ansprechend gestaltete Modellbahn-Anlage dienen. Hierfür hat Ivo Cordes im Laufe der Jahre viele Vorschläge erarbeitet und in Plänen und Schaubildern zu verschiedenen Publikationen beigesteuert. Die bisher von ihm veröffentlichten Buchtitel lauten: „Modellbahn – Traumhafte Anlagen" und „Ideenreiche Modellbahn-Anlagen", erschienen im Alba-Verlag. Außerdem hatte er entscheidenden Anteil an den beliebten Bänden der Alba-Modellbahn-Praxis „Gleispläne" und „Anlagenplanung". Ebenso war er zusammen mit Michael Meinhold (†) und Thomas Siepmann an der VGB-Broschüre „Anlagen-Vorbilder für Kenner und Genießer" beteiligt.

Foto: Ernst Cordes

Vorwort

Willkommen zu der Zusammenstellung meiner Ideen für „handhabbare Anlagen-Projekte“.

Nicht jeder Leser wird noch über Zugriff auf alle Ausgaben von „eisenbahn magazin“, „MIBA“ und „MIBA-Spezial“ verfügen, in denen die meisten der hier nochmals veröffentlichten Anlagen-Vorschläge erschienen sind. Dieses Buch will jene überwiegend seit dem Jahr 2000 entstandenen Entwürfe aufzeigen, die mir als Vorlage zum Nachbau besonders geeignet erscheinen. In der Tat wurden mehrere dazu von Modellbahn-Freunden ernsthaft ins Kalkül gezogen, wenn sie nicht ohnehin auf konkrete Anfrage hin entworfen wurden. Die Eignung zum Nachbau sollte sich bei vielen Entwürfen aufgrund deren handlicher oder zumindest überschaubarer Abmessungen einstellen. Die darüber hinaus hier dann auch für raumfüllende Formate konzipierten Entwürfe zeichnen sich noch durch hinlänglich einfachen inneren Aufbau aus. Der als Einzelner zu Werke gehende Modellbauer sollte dabei in noch überschaubarem Zeitrahmen wohl zu einem zufriedenstellenden Resultat gelangen.

Geplant wurde überwiegend für den Baumaßstab H0 (1:87) und die Epoche III (1950–1970). Das Umplanen für andere Maßstäbe und Zeiträume sollte in der Mehrzahl wohl kein besonderes Problem darstellen. Ohnehin wollen die raumgreifenderen Projekte eher als erste Anregung verstanden werden, da hierfür sicher nur selten die genau passende Raumsituation aufgetan werden kann.

Es wird weitgehend von gängigem Standard-Gleismaterial ausgegangen, wobei Weichen mit Winkeln von 15° oder schlanker zum Einsatz kommen. In einigen Fällen ist auch ein Verbiegen zu individuellen Bogenweichen vorgesehen, wie überhaupt von einem freizügigen Einsatz von Flexgleis-Material ausgegangen wird. Bei kritischen engen Bogenstrecken wird sich aber an den Richtmaßen üblicher Stückgleis-Radien orientiert.

In aller Regel wollen die Entwürfe Motive und Szenen aufzeigen, die nicht schon ohnehin zum gängigen Repertoire üblicher Modellbahn-„Träume“ zählen. In der Mehrzahl werden Nebenbahn-typische Situationen betrachtet. Auf die ach so beliebte „Paradestrecke“ und das für manchen Planer geradezu obligatorische Groß-Bw wird man eher selten treffen, und auch nur dann, wenn diese sich organisch in das übergeordnete Thema einordnen.

Als angestrebtes Resultat einer Planung steht für mich in aller Regel ein später darauf zu vollführender anregender Betrieb. Gewiss stehen Zugfahrten über weite Strecken zunächst im Zentrum des Interesses. Doch erscheinen mir die Aktivitäten rund um Zugbildung, Wagen-Umstellung und Rangieren, sowohl im Reisezug- wie auch Güterverkehr, längerfristig als die befriedigenderen Momente. Die Berücksichtigung der vorbildüblichen Verfahren und Vorschriften erscheint mir zur Entfaltung eines wirklich modellhaften Verkehrs geradezu unabdingbar. Das erschöpft sich nicht allein im Regeln der Geschwindigkeit, dem Weichen- und Signalstellen. Ein ganzes Bündel an Handlungsweisen will Beachtung finden. Dieses sollte der Modellbahner aber auf seine individuellen Ansprüche hin selbst zurechtschnüren.

Ivo Cordes

Inhalt

In einige der vorgestellten Entwürfe möchte man sich vielleicht noch näher vertiefen. Die Angaben in Klammern verweisen auf frühere Veröffentlichungen in Zeitschriften mit Angabe der Nummer der Ausgabe:

em = eisenbahn magazin • MIBA = MIBA Miniaturbahnen • MS = MIBA-Spezial

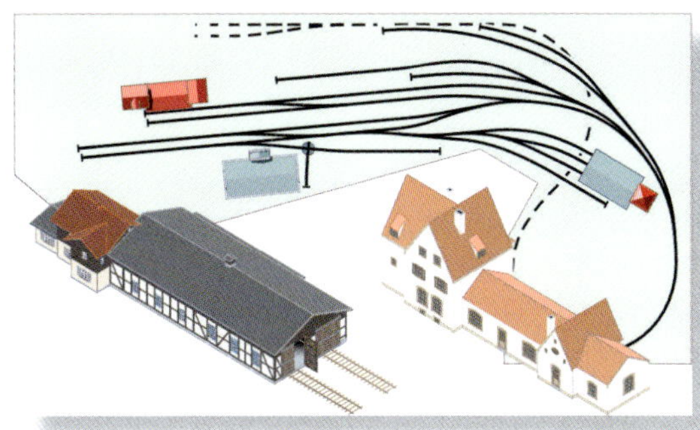

Vorbild im handlichen Format, als abgeschlossene Anlage, Diorama oder Segment-Zusammenstellung. Auch einige zugehörige Bauten werden näher vorgestellt

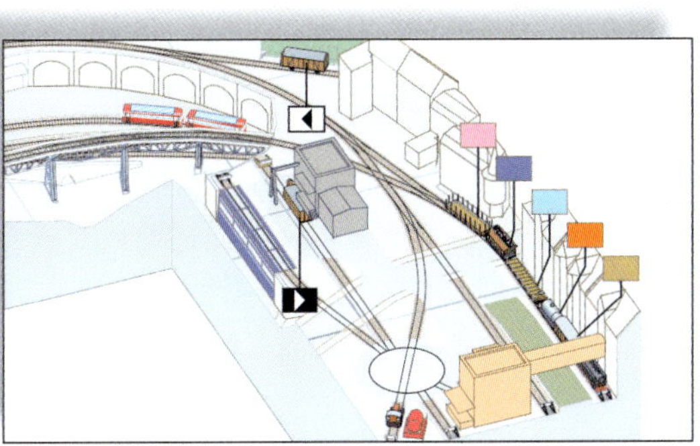

Zimmeranlagen, bieten naturgemäß ein größeres Angebot zur betrieblichen Entfaltung. Hier drei Beispiele mit unterschiedlichem Charakter: über weiten Wandbereich gestreckt, total raumfüllend, und sogar darüber hinausgreifend

Vorbildmotive zimmerfüllend, für gehobeneren Anspruch an Gestaltung

Einfacher Einstieg

Die klassische Einsteiger-Anlage ist die kompakt umrissene rechteckige Platte mit einer Strecke im Oval. Doch der Schritt von der reinen Spielbahn zur ernstzunehmenden Modellbahn wird erst vollzogen, wenn ein Abschnitt dem Blick entzogen wird, so dass dort Züge abwarten können, bis ihre Stunde zum Auftritt gekommen ist. So knapp die Kapazitäten auch sein sollten – wenn gleich mehrere Garnituren dort Aufstellung finden können – darf man dies getrost einen „Schattenbahnhof" nennen. Auch wirkt bei knappen Anlagenmaßen die – so gut wie möglich gestreckte – eingleisige Streckenführung allemal glaubwürdiger als eine doppelgleisige und womöglich wild verschlungene „Achterbahn". Aus solchen Überlegungen heraus entstand dieser Vorschlag, der sich mit überschaubarem Aufwand und einfachen Mitteln zur

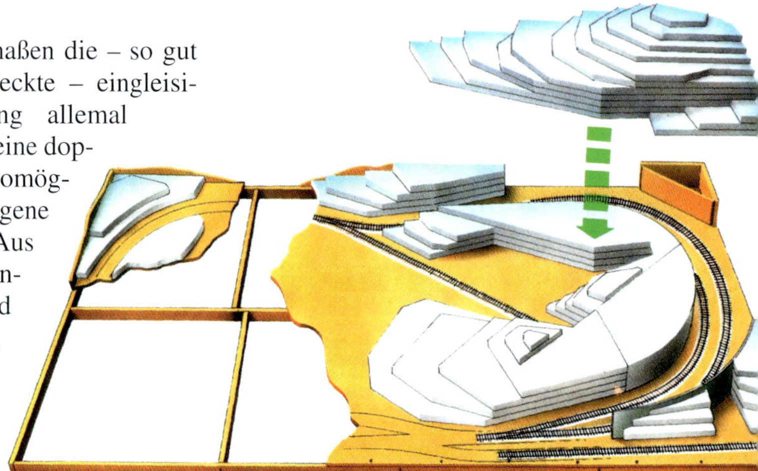

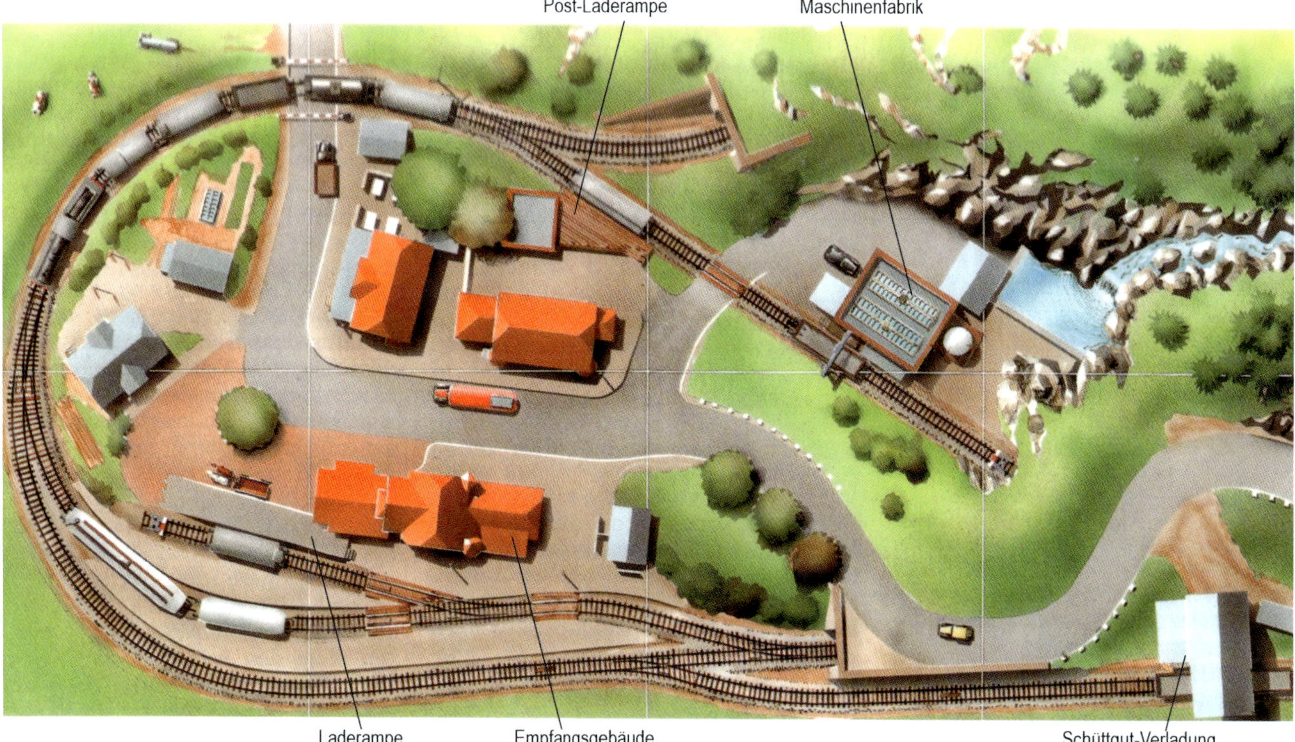

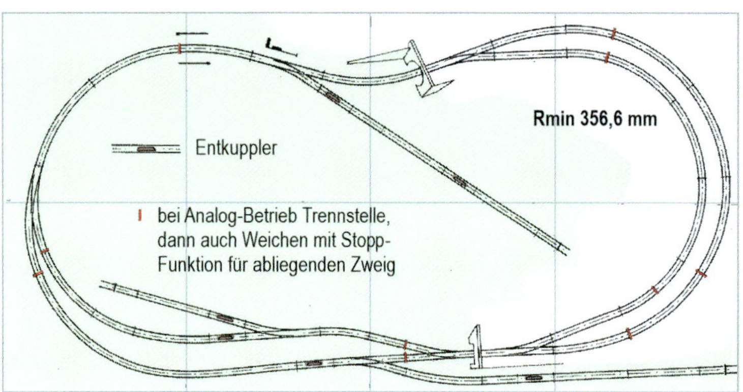

Die im Umfang für Baugröße H0 mit 2 x 1 m bemessene Anlage zeigt sich mit einfachem Aufbau über rechteckiger Grundplatte (ggf. mit untergesetzten Leisten).
Oben als Vorschlag gezeigt wird die Ausformung des Geländes mittels geschichteter leichtgewichtiger Dämmstoff-Platten.

Links: Im Maßstab 1:20 der Gleisverlauf samt Schattenbahnhof. Geplant wurde mit Fleischmann-Profi-Stückgleisen.

Anlage mit ansprechender Szenerie und zufriedenstellenden betrieblichen Momenten umsetzen lassen sollte.

Dank der verdeckt angelegten Aufstellgleise lässt sich auf dem sichtbaren Streckenabschnitt samt der durchfahrenen Station ein hinlänglich interessanter Verkehr inszenieren. Mehrere ausgewiesene Ladestellen bieten allerlei Möglichkeiten für den abwechslungsreichen Einsatz von Güterwagen und -zügen.

Zum Wohle einer angemessenen Abwicklung von Rangiervorgängen scheut sich der erfahrene Modellbahner nicht, auch mal direkt mit der Hand oder einem geeigneten Werkzeug einzugreifen. Für diesen sich an einen breiteren Kreis von Interessenten wendenden Vorschlag wird jedoch auch das Einfügen von fernbedienten Entkupplern an geeigneten Positionen berücksichtigt

Für die Ausgestaltung wurden hier sicherlich rasch wiedererkannte handelsübliche Bausatz-Gebäude vorgesehen. Für den individuellen Bedarf ist selbstverständlich jegliche eigene Auswahl und auch ein umfassender Selbstbau allemal zulässig!

Die hier von der Schmalseite her betrachtete Einsteiger-Anlage sollte fürs Betriebmachen möglichst freistehend vorgesehen werden. Von den Abmessungen her käme bei Nichtbetrieb aber eventuell noch das Fortrollen oder ein Wegklappen in Betracht.

Erzgebirgsbahn

Wenige Hochbauten müssen ausreichen, um das Umfeld der Modellgleise zu charakterisieren. Auf diese Weise kann das hohe Rangierpotenzial dieser Anlage günstig ausgenutzt werden.
Die an der Anlagenkante endenden Stationsgleise bieten sich geradezu an, hier gelegentlich eine Fortsetzung mit Betriebs- oder Streckengleisen anzufügen.

In unseren Tagen hat sie deutlich an ihrer einstigen Beliebtheit eingebüßt: die kompakt umrissene Rechteck-Anlage. Doch bei geringem Raumangebot und dem Wunsch nach einigermaßen flüssigem Zugverkehr besitzt diese Bauform noch immer ihre Berechtigung. Im ersten Planungs-Impuls wird dafür oft eine Streckenführung im Oval vorgesehen, womöglich sogar als Doppelgleis. Nach einer gewissen Weile vermag aber so mancher dem sich ohne wirklichen Anfang und Ende darbietenden „unendlichen" Schienenweg nicht mehr rechten Gefallen abzugewinnen. Zumal, wenn einmal nähere Bekanntschaft mit fortgeschrittenen Planungs-Ideen und Modellbahn-Philosophien geschlossen wurde. Das vorzeiten noch häufig bei der elektrischen Miniaturbahn gesuchte Vergnügen an reiner Bewegung und ergötzlichem Tempo vermögen heutzutage Angebote wie Fernlenk-Autos, Drohnen und Computerspiele sehr viel eindrücklicher zu vermitteln.

Allerdings werden Simulationen am Bildschirm nicht so recht dem Nacherleben rangiertechnischer Momente zur Zugbildung und Fahrzeug-Zustellung gerecht. Solches vermag aber immer noch eine überlegt ausgelegte Modellbahn zu bieten – und sei sie auch nur bescheiden in ihren Abmessungen. Bei lediglich eingleisiger Streckenführung gewinnen sodann die Erfordernisse einer gewissenhaften Fahrplan-Abwicklung und reglementierter Zugfolge deutlich an Gewicht. Hier stellen sich regelmäßig verkehrliche Herausforderungen, welche allemal das betriebliche Angebot einer durch weite Zimmerfluchten geführten Paradebahn überbieten dürften. Ein nicht unbedeutender Teil der Modellbahnerschaft findet darin den entscheidenden rechten „Spielspaß". Für die sich angesichts geringer Ausdehnungsmöglichkeiten einstellende begrenzte verkehrliche Vielfalt und weniger eindrucksvolle Zuggarnituren vermag die Darstellung eines Nebenstrecken-Abschnitts samt Endbahnhof den rechten Ausgleich zu bieten.

In diesem Entwurf wurde sich motivisch an Gegebenheiten orientiert, wie sie vermehrt in den Gefilden sächsischer Mittelgebirge angetroffen werden. Dementsprechend firmiert das Projekt unter dem Titel „Erzgebirgsbahn". Das heißt nun keineswegs, dass eine Nachempfindung unbedingt diesem Lokalkolorit entsprechen muss, denn vergleichbare Bahnsituationen finden sich zuhauf auch in anderen Gegenden und Landschaften. Eine als Kehrschleife ausgebildete Schattengleis-Formation sorgt für hinreichend Abwechslung in den Zugeinsätzen, wie sie sich bei der großen Bahn mit vergleichbarer Thematik einstellen könnten. Ein Paar angegliederter Stumpf-Abstellgleise dient zur Vorratshaltung fallweise erwünschter Sonderzug-Leistungen.

Bis auf als weite Kurven geführte Flexgleis-Abschnitte wurde der Fahrweg mit Standard-Gleisstücken des Tillig-Elite-Sortiments gebildet.

Links die unteren Bereiche, rechts die szenische Ebene – mit Höhenwerten in cm und Signal-Ausstattung

Maßstab 1: 25 für den H0-Entwurf

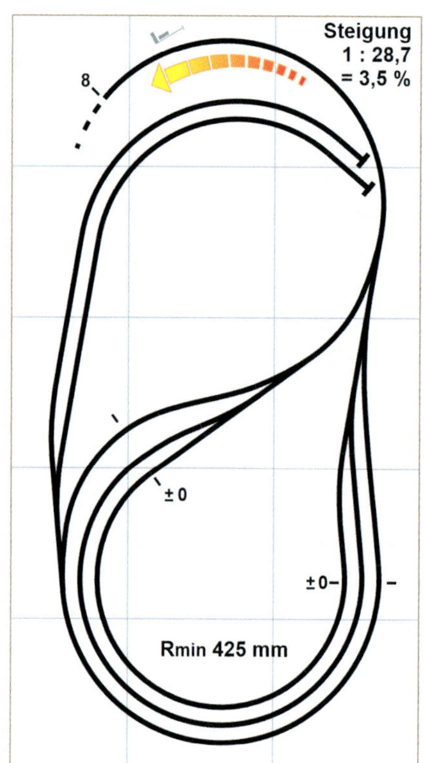

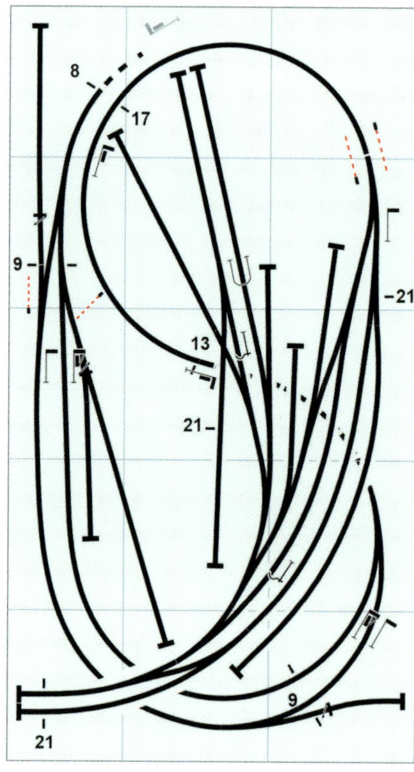

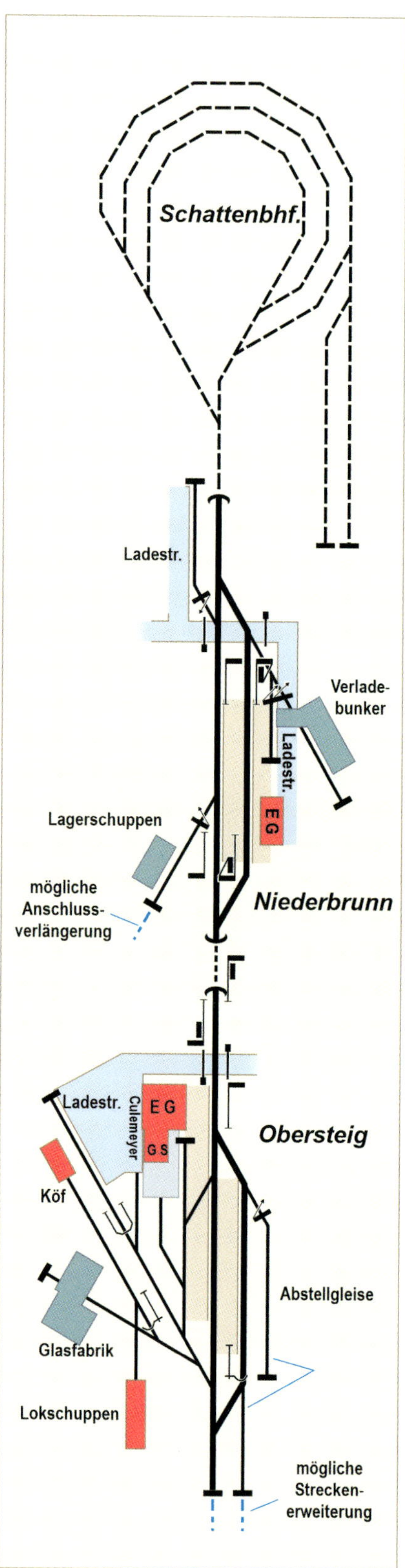

Schematisch entrolltes Streckenband der Modell-„Erzgebirgsbahn"

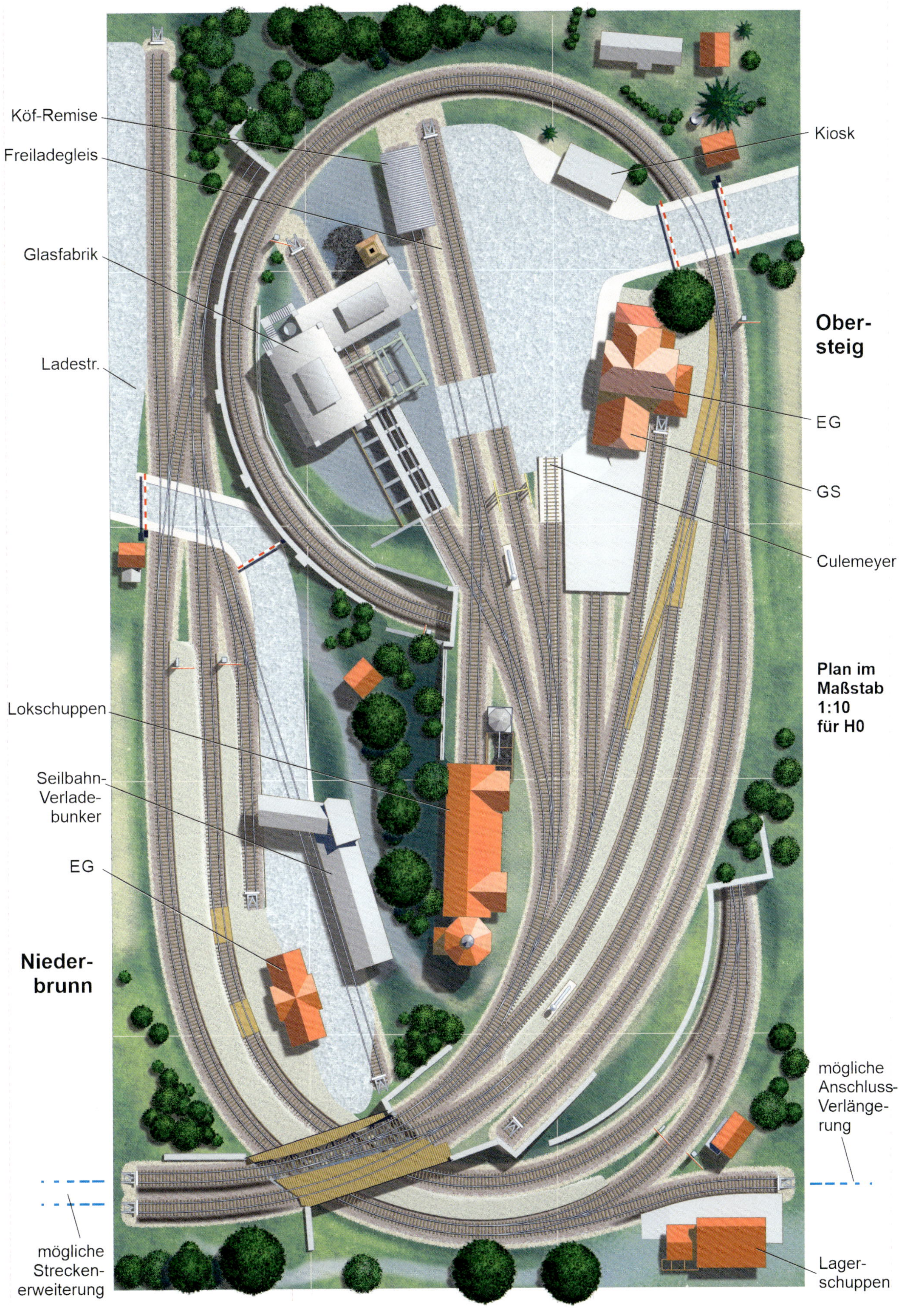
Köf-Remise
Freiladegleis
Glasfabrik
Ladestr.
Lokschuppen
Seilbahn-
Verlade-
bunker
EG
Nieder-
brunn
mögliche
Strecken-
erweiterung
Kiosk
Ober-
steig
EG
GS
Culemeyer
Plan im
Maßstab
1:10
für H0
mögliche
Anschluss-
Verlänge-
rung
Lager-
schuppen

Kleinanlage mit Konzept

Um das Abbild einer im ländlichen Raum mit einigem industriellen Besatz angesiedelten Bahnlandschaft nicht zu überfrachten, wird angesichts der nicht gerade üppigen Grundfläche auf jegliche Wohnbebauung verzichtet. Dafür heben sich Motorradfabrik und Steinbruch samt Schotterverladung als eindrucksvolle eigenständige Komplexe ab. Als kleines Schmankerl bietet sich – zunächst vom Hügel verdeckt – die zum Brechergebäude laufende Feldbahn dar.

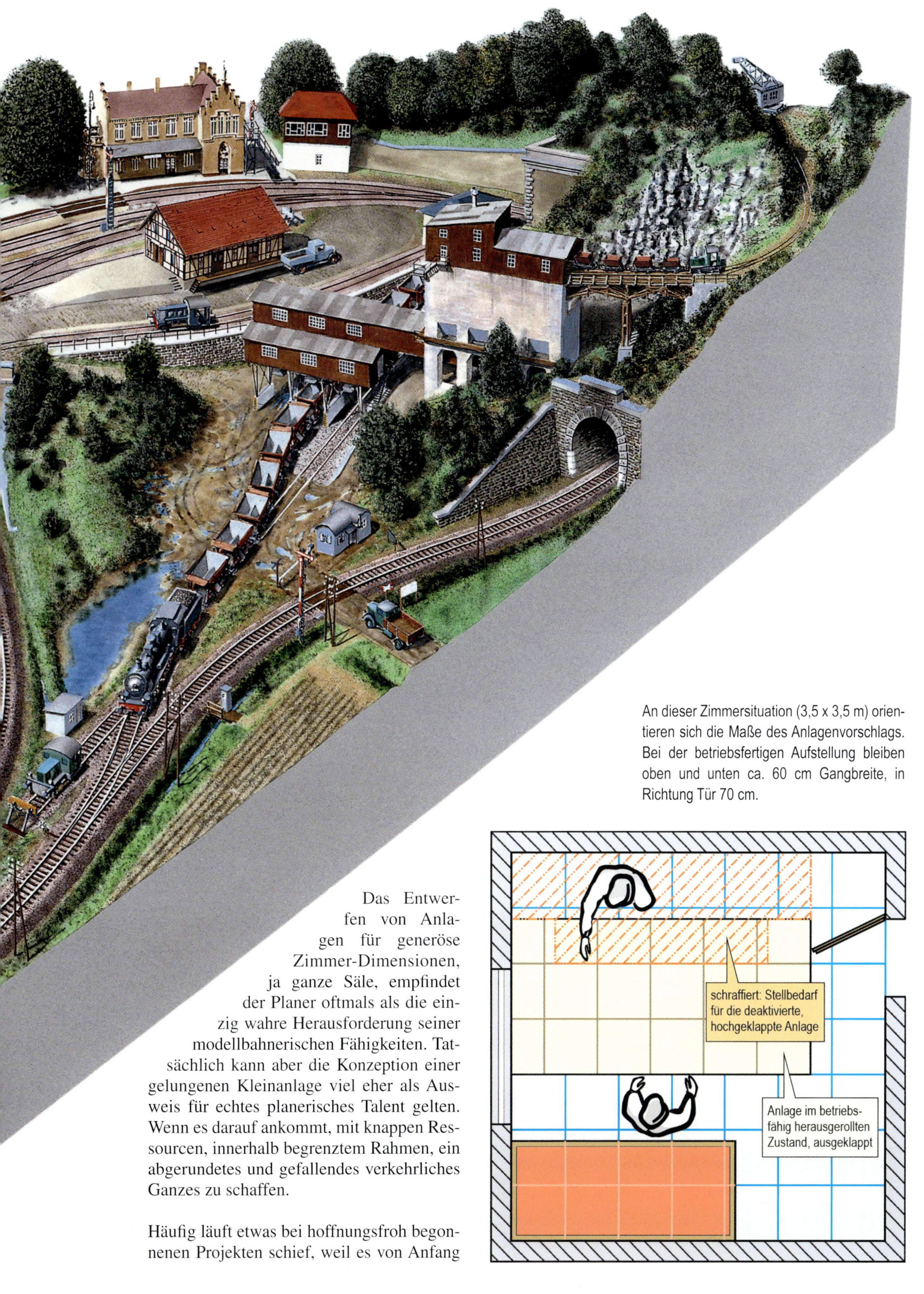

An dieser Zimmersituation (3,5 x 3,5 m) orientieren sich die Maße des Anlagenvorschlags. Bei der betriebsfertigen Aufstellung bleiben oben und unten ca. 60 cm Gangbreite, in Richtung Tür 70 cm.

Das Entwerfen von Anlagen für generöse Zimmer-Dimensionen, ja ganze Säle, empfindet der Planer oftmals als die einzig wahre Herausforderung seiner modellbahnerischen Fähigkeiten. Tatsächlich kann aber die Konzeption einer gelungenen Kleinanlage viel eher als Ausweis für echtes planerisches Talent gelten. Wenn es darauf ankommt, mit knappen Ressourcen, innerhalb begrenztem Rahmen, ein abgerundetes und gefallendes verkehrliches Ganzes zu schaffen.

Häufig läuft etwas bei hoffnungsfroh begonnenen Projekten schief, weil es von Anfang

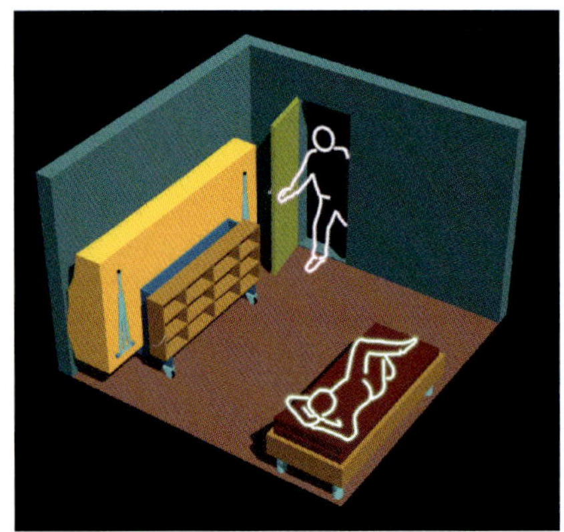

„He, Faulpelz, aufstehen! Bahnspielen ist angesagt. Ich zieh' das Gestell schon mal von der Wand weg und lass' die Stützen runter."

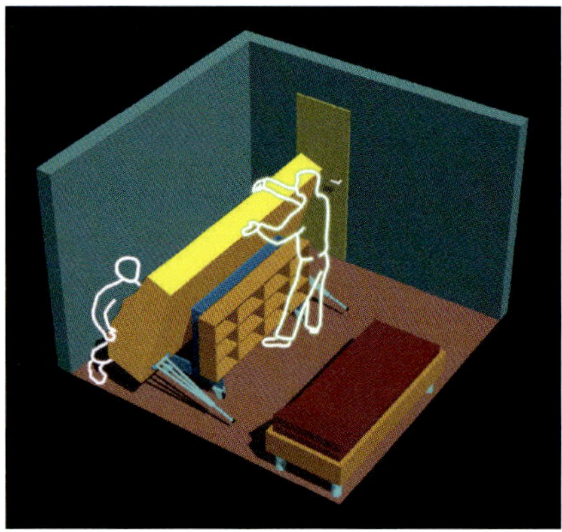

„Vorsichtig, gut zupacken und langsam umklappen. Halt' es in der Waagerechten, derweil ich die Stützbeine hier hinten arretiere."

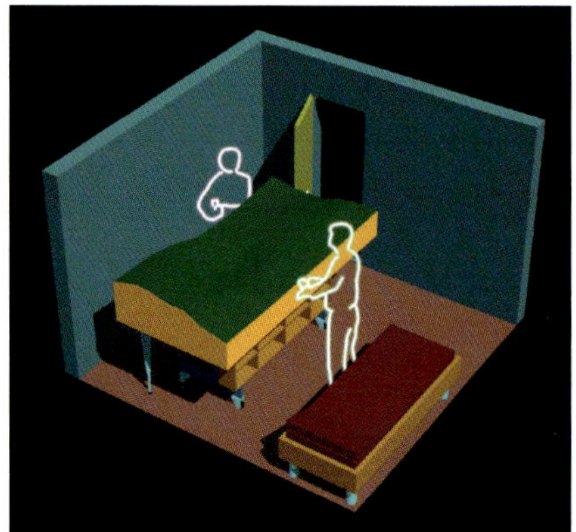

„Na dann kann's ja losgehen: Strom an, Zug ab!" So könnte die Vorbereitung zum Betrieb ablaufen.

an in mehrerlei Hinsicht an klaren Konzepten fehlt. Welche Bewegungen sollen eigentlich auf den Fahrwegen stattfinden; ergeben Gebäude und landschaftliches Drumherum einen glaubhaften Rückhalt für machbare und interessante Verkehrsabläufe?

Oft wird zu viel an Ausstattungs-, Gleis- und Rollmaterial in das zur Verfügung stehende Areal hineingequetscht, was sich dann bei der Entfaltung ausgewählter – aber realistischer – Betriebsschritte gegenseitig im Weg steht. Welchem nachvollziehbaren Bedarf dient die doppelgleisig im Oval geführte Hauptstrecke mitsamt verästelten Nebenlinien? Verlangt eine bescheidene Haltestelle gleich nach einem angegliederten Groß-Bw? Benötigt die dörfliche Station wirklich vier Bahnsteige und sogar ein Hallendach? Und trifft man beim Verlassen eines Bahnhofs schon unmittelbar gegenüber auf ein historisches Fachwerk-Rathaus?

Hat man in Beantwortung solcher Fragen zu einer geläuterteren Gestaltung gefunden, stellt sich alsbald die Frage, wie denn der schlanke Schienenweg glaubhaft mit Verkehr beschickt werden soll, wo doch wenig Raum für verdeckte Zug-Aufstellung gegeben ist. Was bei Großanlagen kaum ein Problem darstellt – die Nutzung des Bereichs unterhalb der Szenerie – gerät angesichts schmalem Flächen-Angebot zur echten Herausforderung. Zuleitungen und Speichergleise wollen ohne gegenseitige Behinderung, unzuträgliche Steigungswerte und Nutzlängen-Beschränkungen durch die Katakomben geführt werden und im Notfall noch irgendwie erreichbar sein.

Für diesen Vorschlag werden unterschiedliche Möglichkeiten zur Durchbildung des Schattenbereichs aufgezeigt. Allen gemein ist, dass aus beiden Abgangsrichtungen ungehindert parallel bis zum Stopp auf einem der Harfengleise eingefahren werden kann.

Die am weitesten entwickelte Version erlaubt es, Züge aus beliebiger Richtung wieder an die Oberfläche zu entlassen. Bei ähnlich dimensionierten kleinen Anlagen war solches bis dahin konzeptionell noch nicht zu beobachten gewesen! Dazu ist dann allerdings

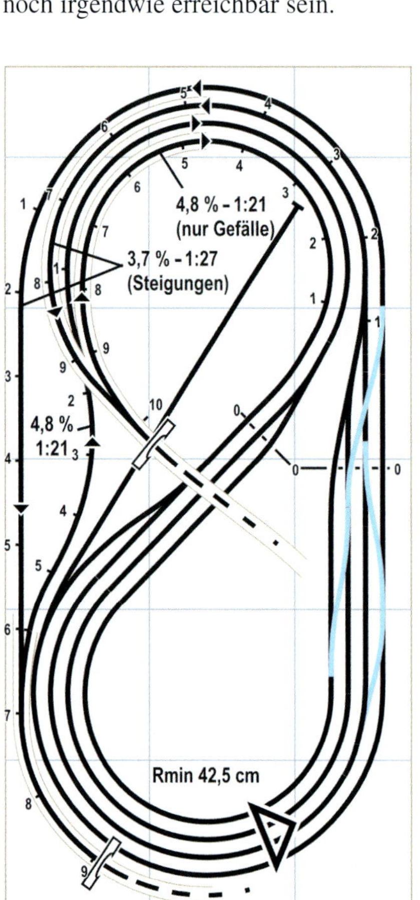

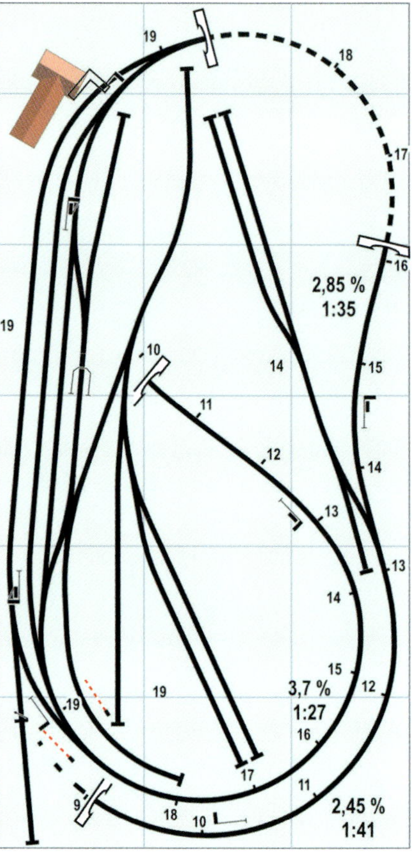

Verdeckte (links) und sichtbare (rechts) Gleisentwicklungen mit den maßgebenden Höhenwerten in cm. Abgestimmt auf Tillig-Elite-H0-Material. Maßstab 1:25.
Gefälle-Abschnitte in Richtung Schattenbahnhof weisen zum Teil steilere Neigungen auf als bergauf führende Strecken.
Blau eingetragene Fahrwege können für den Einsatz der Garnituren in beliebiger Richtung sorgen (siehe folgende Seite).

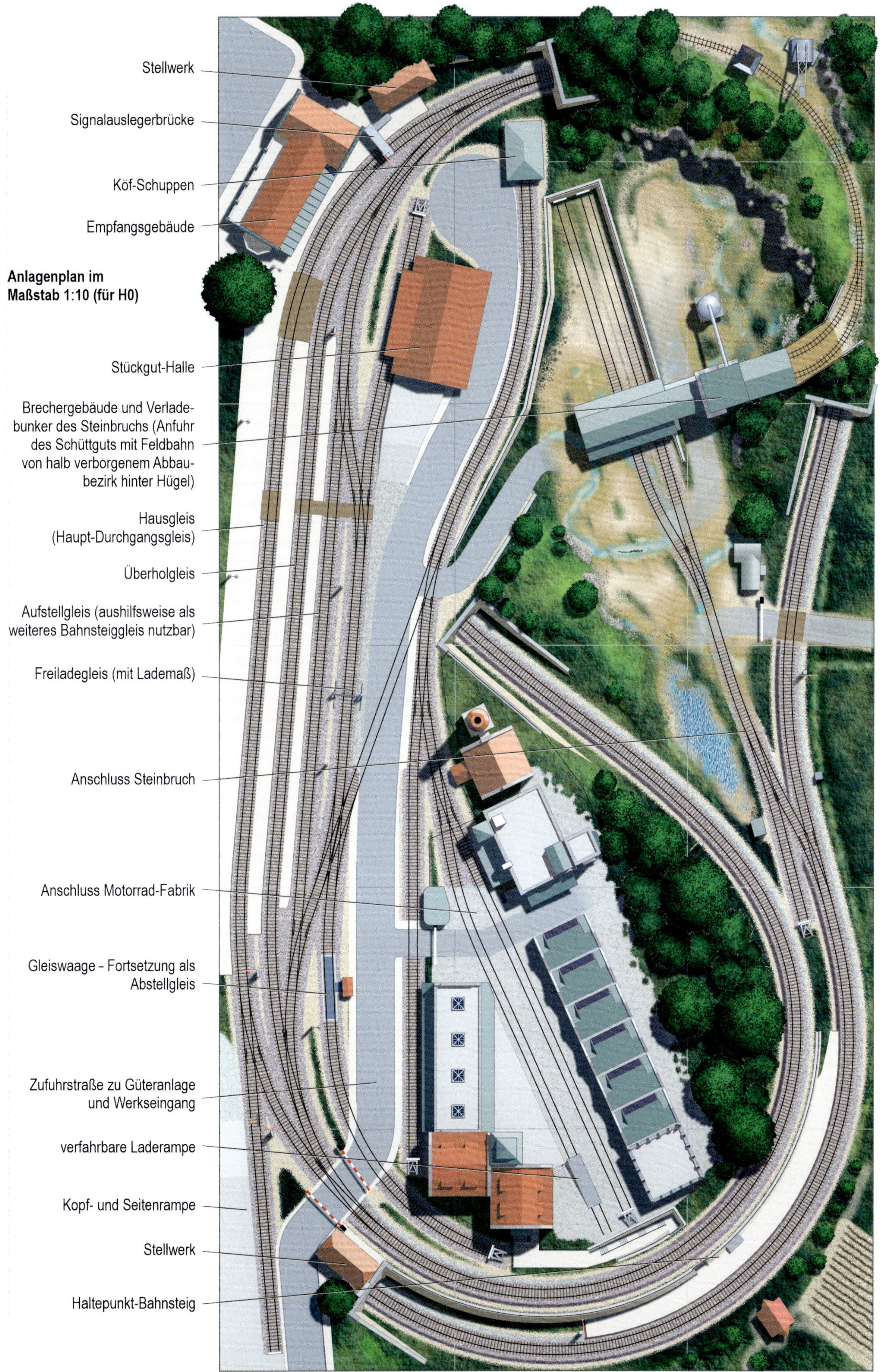
Stellwerk
Signalauslegerbrücke
Köf-Schuppen
Empfangsgebäude
Anlagenplan im
Maßstab 1:10 (für H0)
Stückgut-Halle
Brechergebäude und Verlade-
bunker des Steinbruchs (Anfuhr
des Schüttguts mit Feldbahn
von halb verborgenem Abbau-
bezirk hinter Hügel)
Hausgleis
(Haupt-Durchgangsgleis)
Überholgleis
Aufstellgleis (aushilfsweise als
weiteres Bahnsteiggleis nutzbar)
Freiladegleis (mit Lademaß)
Anschluss Steinbruch
Anschluss Motorrad-Fabrik
Gleiswaage - Fortsetzung als
Abstellgleis
Zufuhrstraße zu Güteranlage
und Werkseingang
verfahrbare Laderampe
Kopf- und Seitenrampe
Stellwerk
Haltepunkt-Bahnsteig

auch eine aufwendigere Absicherung der Fahrwege vonnöten. Der Nachbau-Interessent müsste abwägen, welche der aufgezeigten Konfigurationen das für ihn günstigste Verhältnis von Aufwand und Ertrag mit sich bringt.

Die vorausgesetzten knappen Anlagen-Maße legen eine Beschränkung auf ein Nebenbahn-Thema nahe. Gleichwohl blieb Raum für eine recht passable Streckenführung und eine hinlänglich differenzierte Unterwegs-Station. Zu der üblichen Grundausstattung mit Haupt-, Überhol-, Aufstell-, und Freiladegleis sowie Güterschuppen und Rampe tritt noch ein etwas umfangreicherer industrieller Anschluss hinzu. Dem sich einstellenden Rangierbedarf wird die Beschäftigung einer Kleinlok („Köf“) gerecht, der ein eigener Übernachtungs-Schuppen spendiert wurde. Gegenüber, beim an die Strecke angeschlossenen Schotterwerk, besorgt ebenfalls eine eigene Werkslok den Verschub. Trotz kompakten Zuschnitts wartet die Anlage also mit einem schon recht breiten betrieblichen Angebot auf. Eine Reihe sich daraus ergebender typischer Bewegungsabläufe wird auf der Seite nebenan illustriert.

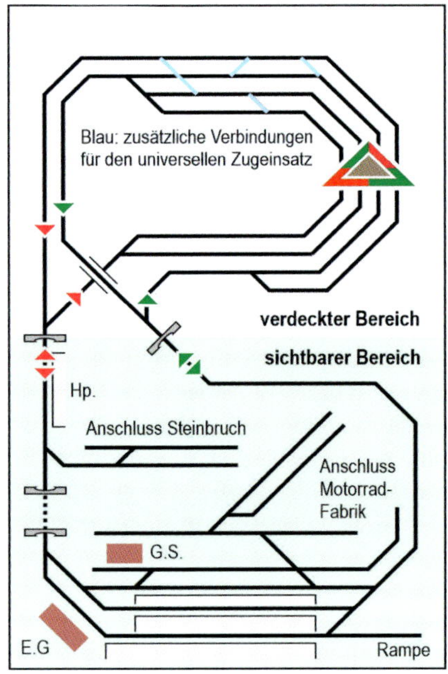

Gleisschema der gesamten Anlage (für die rechts gezeigte Universal-Konfiguration)

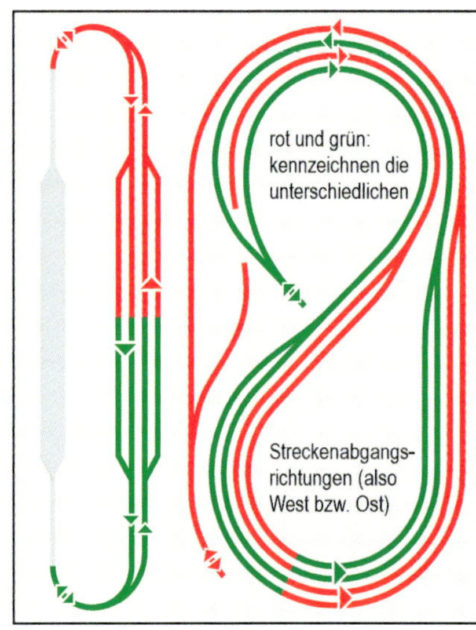

Modifikationen der Zufahrten und Weichen ergeben unterschiedliche Auslegungen der Schattenanbindung. Links jeweils das zugrundegelegte Prinzip. Oben: eine schaltungstechnisch einfache Ovalfigur.

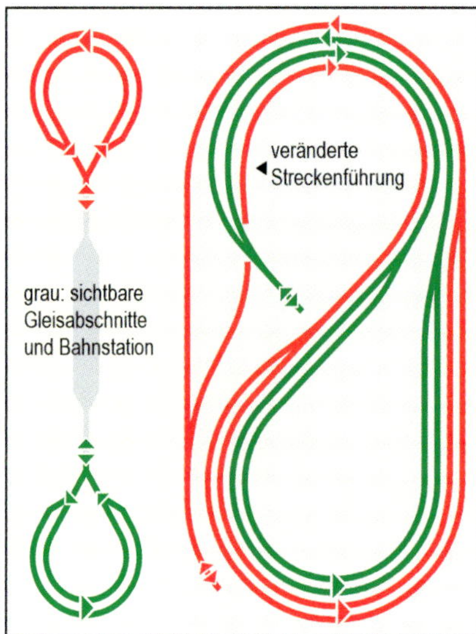

Mitte: Die fahrtechnisch sinnvollere Ausstattung der Streckenabgänge mit Kehrschleifengleisen im Schatten

Unten: Universelle Anbindung des Zugspeichers an beide Ausfahrrichtungen

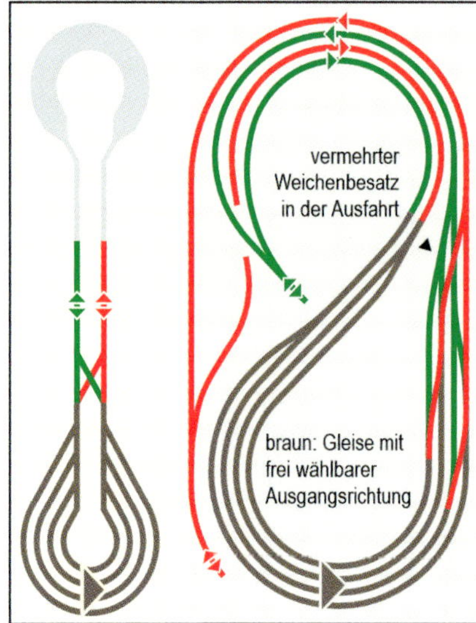

Für die Ausbildung des Schattenbereichs lassen sich verschiedene Konzeptionen denken. Die aufgezeigten Varianten unterscheiden sich nur geringfügig in der Streckenführung, stellen aber in schaltungstechnischer Hinsicht erhebliche unterschiedliche Ansprüche.

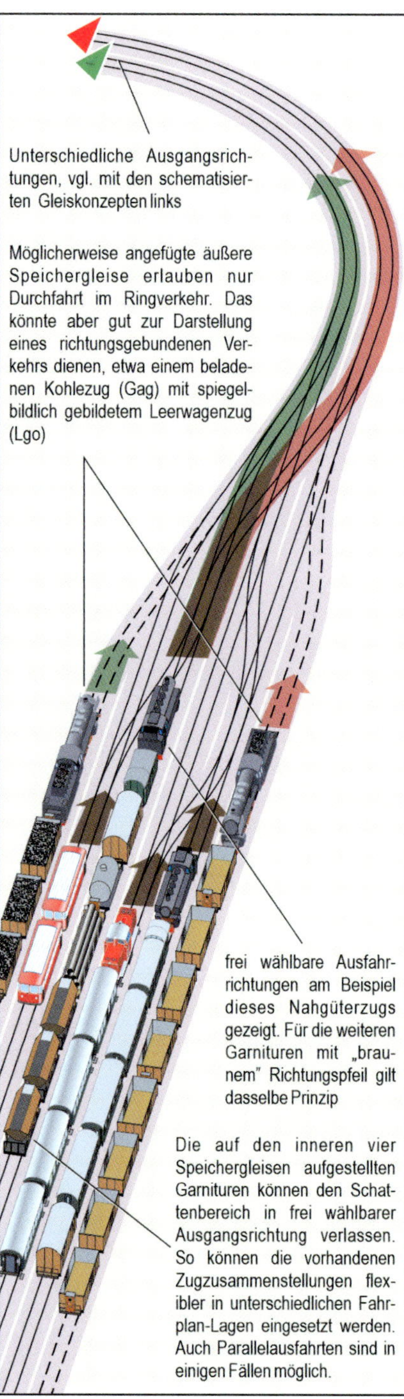

Diese Abbildung soll die Möglichkeiten des Zugeinsatzes verdeutlichen, wie er vom Schattenbahnhof in seiner voll ausgebildeten Form geleistet werden kann. Aus den inneren vier Gleisen kann die sichtbare Strecke in frei wählbarer Durchfahrtrichtung beschickt werden. Der Zug kann also entweder beim „westlichen" oder „östlichen" Tunnelportal auftauchen.

Die sichtbaren Anlagenbereiche sind so ausgelegt, dass darauf ein realistisches Betriebsprogramm durchgespielt werden kann, in das mehrere interessante Momente einbezogen sind. Eine Sequenz von Zugfahrten und Rangiervorgängen könnte sich beispielsweise so darstellen:

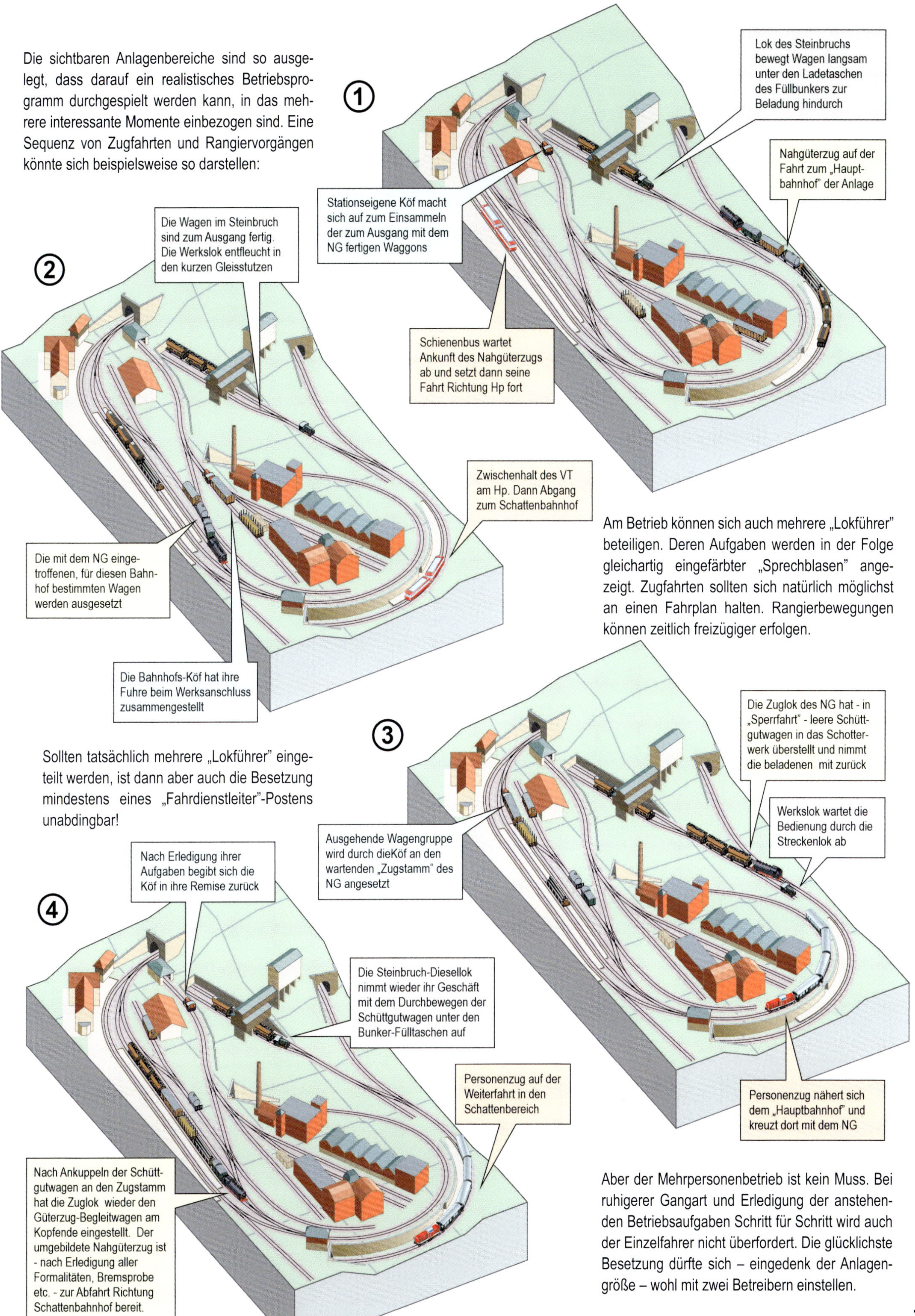

Am Betrieb können sich auch mehrere „Lokführer“ beteiligen. Deren Aufgaben werden in der Folge gleichartig eingefärbter „Sprechblasen“ angezeigt. Zugfahrten sollten sich natürlich möglichst an einen Fahrplan halten. Rangierbewegungen können zeitlich freizügiger erfolgen.

Sollten tatsächlich mehrere „Lokführer“ eingeteilt werden, ist dann aber auch die Besetzung mindestens eines „Fahrdienstleiter“-Postens unabdingbar!

Aber der Mehrpersonenbetrieb ist kein Muss. Bei ruhigerer Gangart und Erledigung der anstehenden Betriebsaufgaben Schritt für Schritt wird auch der Einzelfahrer nicht überfordert. Die glücklichste Besetzung dürfte sich – eingedenk der Anlagengröße – wohl mit zwei Betreibern einstellen.

Umzugsgut

Gerne verliert man sich bei der Planung der künftigen Modellbahn-Anlage in weitläufigen Figuren und raumgreifenden Flächenmaßen. Trotzdem wird man rasch bei der Überprüfung der zur Verfügung stehenden Räumlichkeiten auf den Boden der Tatsachen zurückgeholt. Mehr noch: So lange man nicht sicher sein kann, dass einem dereinst ein Ortswechsel des gesamten Hausstands bevorsteht, gilt es, die Maße der Anlage kritisch abzuwägen. Damit sie noch „am Stück“ bewegt werden kann. Nicht allein das möglicherweise noch mit ein paar Helfern zu stemmende Gewicht will berücksichtigt werden, auch die äußeren Abmessungen sind von Belang, um noch überall „die Kurve zu kriegen“. Speziell fürs Passieren von Türöffnungen wäre es von Vorteil, wenn

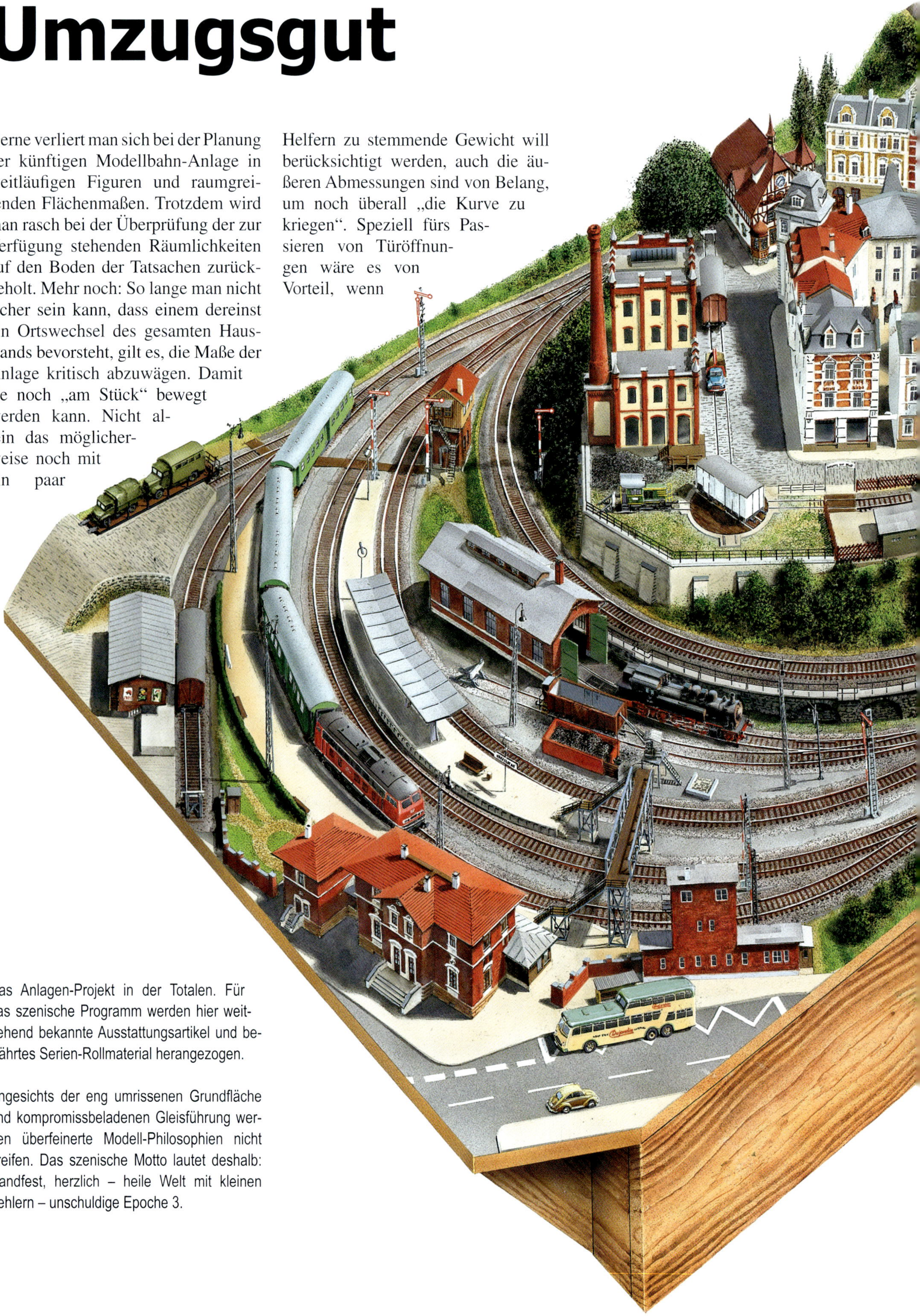

Das Anlagen-Projekt in der Totalen. Für das szenische Programm werden hier weitgehend bekannte Ausstattungsartikel und bewährtes Serien-Rollmaterial herangezogen.

Angesichts der eng umrissenen Grundfläche und kompromissbeladenen Gleisführung werden überfeinerte Modell-Philosophien nicht greifen. Das szenische Motto lautet deshalb: Handfest, herzlich – heile Welt mit kleinen Fehlern – unschuldige Epoche 3.

Veranschaulichung der verdeckten und sichtbaren Streckenführung entlang der Altstadtmauer

das Transportstück noch mit unterhalb zwei Metern maximaler Länge bemessen ist, damit es ohne Verkanten in aufrechter Stellung hindurchgeschoben werden kann. Schließlich bedingt das, zumal in Baugröße H0, eine bereits äußerst kompakte Anlagenfigur.

Es sollte sich in unserem Fall allerdings nicht auf eine rein flächige Platte beschränkt werden. Zum Wohle anregender Betriebsentfaltung wurde angestrebt, das Konzept sich auch einigermaßen in der Höhe entwickeln zu lassen. Darin eingeschlossen ist sowohl eine angemessene „Schattengleis"-Konfiguration im Untergrund als auch eine Stichstrecke zu einer höher gelegenen Endhaltestelle, wo zusätzlich ein Industriebetrieb angeschlossen wird. Schließlich sollte auch eine einigermaßen durchgebildete Unterwegsstation nicht fehlen, wo dann auch das immer wieder gern genommene Klein-Bw Aufstellung finden darf.

Eventuell bietet sich beim nahe der Brücke vorerst stumpf am Anlagenrand endenden Gleis auch Gelegenheit, das Schienennetz durch Anfügen weiterer Szenestücke noch zu erweitern.

Das Zurechtbilden des Schienenwegs erfolgt hier mit Stückgleisen des Roco-Line-H0-Sortiments. Auch könnte dabei, nahezu ohne weiteren Zuschnitt, mit größeren Radien ab 48 cm aufwärts ausgekommen werden.

Allerdings stellen sich auf einigen Abschnitten, bedingt durch die gedrängte Streckenführung, ziemlich heftige Steigungswerte ein. Doch solche Wagenreihungen, die überhaupt mit den gegebenen Gleisnutzlängen verdaut werden können, sollten noch allemal sicher von ordentlichen Zugloks über die Rampen befördert werden können.

Zugfahrten stehen im verkehrlichen Programm dieses Vorschlags an erster Stelle. Mit Rücksicht auf die ausgeprägte Bogenlage der Station sollte

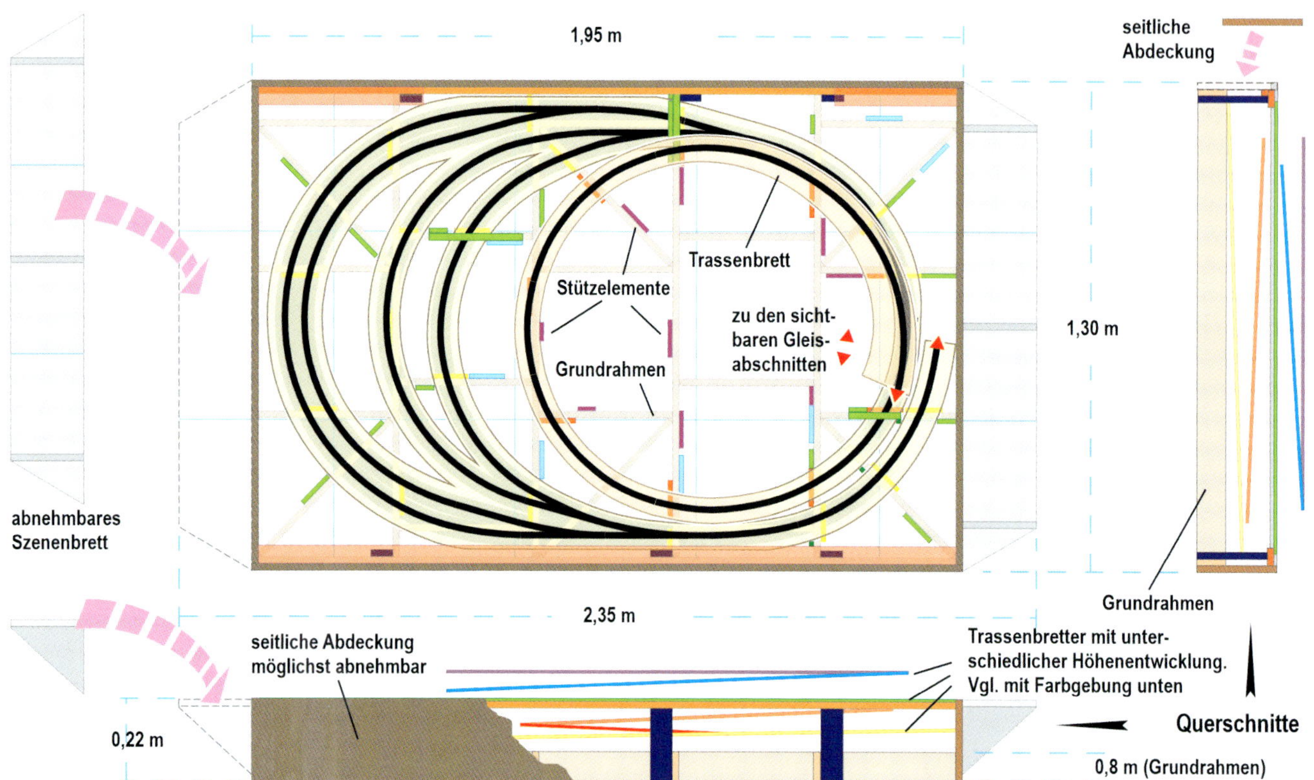

Konstruktive Durchbildung des Unterbaus. Der in einem Stück transportable Anlagenkern wird szenisch durch abnehmbare Stücke an den Kopfseiten ergänzt. Deren Zuschnitt kann durchaus variieren (Abbildung im Maßstab 1:20).

man bei dieser Anlage nicht auch noch das große Rangiervergnügen zu finden suchen. Mit ein paar Wagenverschüben bei den wenigen Ladestellen muss es wohl sein Bewenden haben. Ein in doppelter Spitzkehren-Fahrt zwischen Talbahnhof und Bergstation pendelnder Triebwagen mag hierfür vielleicht eine gewisse Entschädigung bieten.

Bei der szenischen Gestaltung wurde sich einer gewissen „romantisierenden“ Ausstattung mit umgebenden Bauten bedient. So sollte sich die nun mal recht enge und verknotete Gleisführung einigermaßen hinlänglich überspielen lassen. Der Fahrzeugeinsatz ließe sich auch mit einer gewissen Bandbreite bezüglich seiner epochalen Einordnung darstellen. Hingegen würde man wohl alle der gezeigten Gleisentwicklungen in der Jetztzeit nicht mehr antreffen.

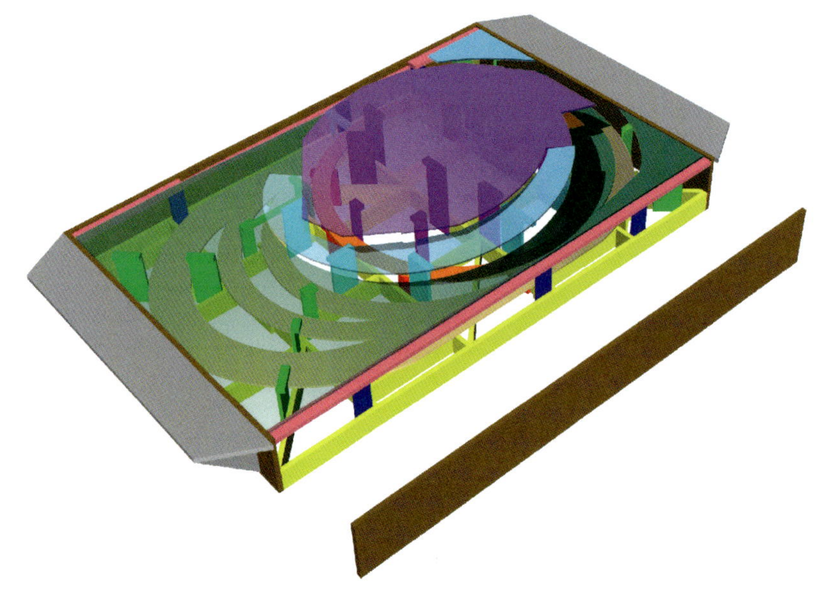

Grundrahmen mit Trassen der verdeckten Gleisführung und Stützelementen. Die rechte Darstellung zeigt auch die darauf lagernden Szene-Platten in korrespondierender Farbgebung.
An den Kernbereich setzen abnehmbare Kopfstücke und seitliche Abdeckungen an.

Szenischer Plan der H0-Kompaktanlage im Maßstab 1:10.
Außenmaße mitsamt abnehmbaren Ansatzstücken 1,30 x 2,35 m

Sichtbarer und verdeckter Bereich mit den wesentlichen Kenndaten im Maßstab 1: 25, Höhenwerte in cm

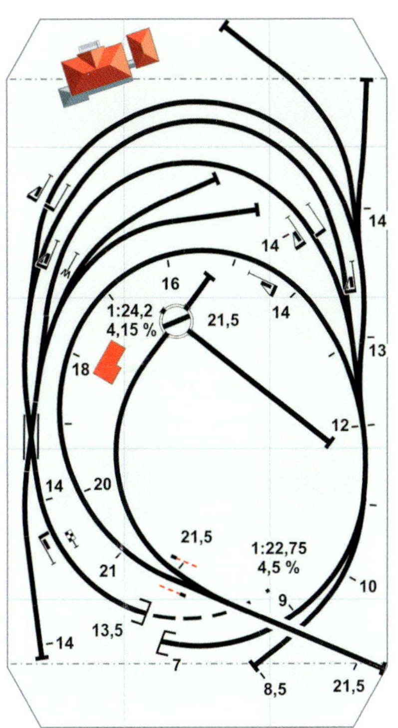

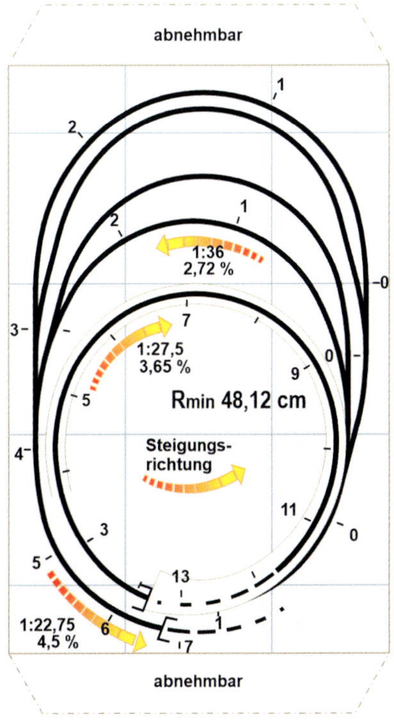

Empfangsgebäude
Güterschuppen
Rampe

Freiladegleis
gedeckte Brücke
mögliche Streckenfortsetzung

Minibahn

Wenn dieser Entwurf mit dem Titel „Minibahn“ daherkommt, soll das nicht heißen, dass – in der betrachteten Baugröße – nicht auch noch deutlich kleinere Anlagen möglich wären. Aber er nähert sich dem an der unteren Grenze liegenden Format, innerhalb dessen ein noch wirklich „rundes“ verkehrliches Ganzes aufgezogen werden kann. Dies schließt eine betrieblich halbwegs differenzierte Station, einiges an sichtbarer Strecke, und einen ausreichenden Bezirk für „in die weite Welt“ enteilende Zugläufe ein. Auch sollte nicht zu allerknappsten Gleisradien und übersteilen Weichenwinkeln gegriffen werden, wonach sich leicht der Eindruck unbedarfter Anspruchslosigkeit einstellt

Um auch als halbwegs universelle Empfehlung dienen zu können, ist ein längsrechteckiger Umriss vorgesehen. Es wurde eine möglichst effektive Anbindung des verdeckten Bereichs angestrebt. Am unteren Ende findet sich ein aus drei Durchfahr- und zwei Stumpfgleisen bestehender Zugspeicher, der gleich zur Versorgung der beiden Stationsabgänge dient. Das fordert zwar einigen Überwachungsaufwand für die Verbindung zwischen den Ebenen. So aber konnte der Fahrweg überhaupt noch mit vertretbaren Radien und Steigungen in die knapp bemessenen unterirdischen Bereiche eingepasst werden.

Während an der Oberfläche auch eine durchgängige Streckenführung noch so gerade eben mit akzeptablen Radien und Steigungen ausgeführt werden konnte, blieb wenig Spielraum für ergänzende, betrieblich belebende Gleisformationen. Die Wahl fiel schließlich auf eine Anschlussbahn zu einem höher liegenden Industriekomplex. Um die sich einstellenden Steigungen meistern zu können, war eine Streckenführung über mehrere Spitzkehren nötig. Als kleines Schmankerl ist die Ausstattung der Werksbahn mit Oberleitung und der Einsatz einer eigenen kleinen Ellok vorgesehen.

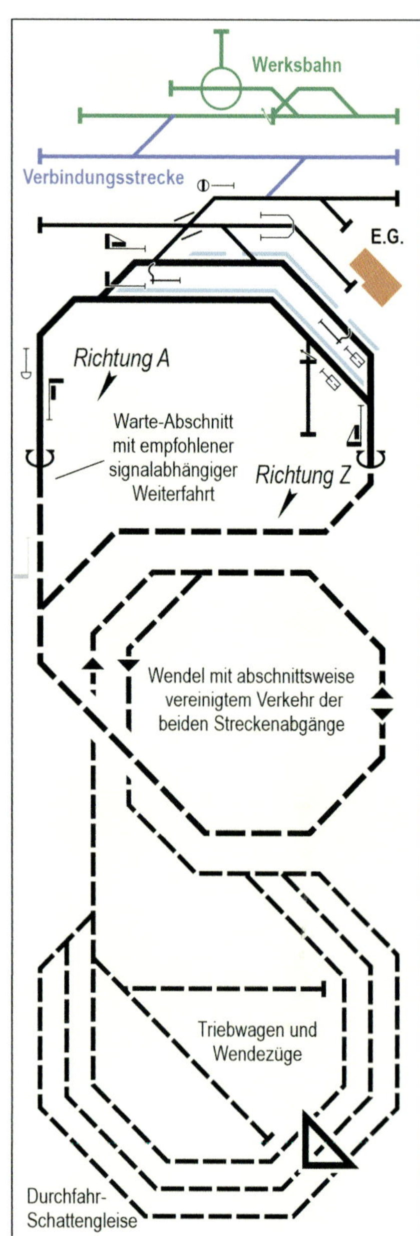

Oben: Schematische Darstellung des Strecken- und Gleisverlaufs. Verdeckte Gleise gestrichelt

Die für den Anlagenvorschlag vorgesehene Gleis-Ausstattung (Tillig-Elite H0): links jene der sichtbaren Partien, daneben die verdeckte Gleisführung mitsamt Schatten-Abstellgleisen. Der höhengleiche Übergang zwischen den beiden Teilabbildungen wird mit roten Ziffern hervorgehoben, Maßstab 1: 25.

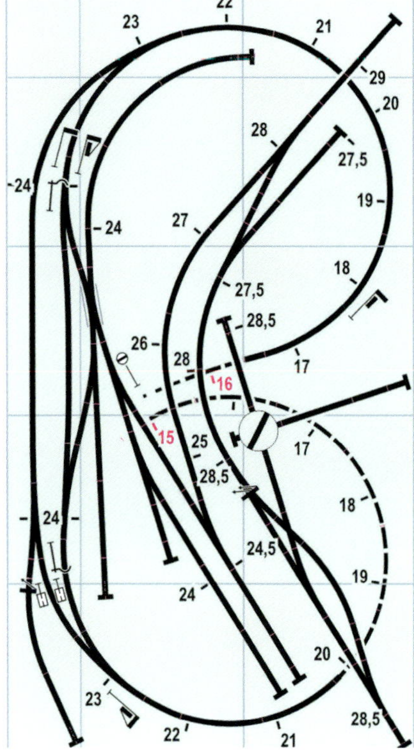

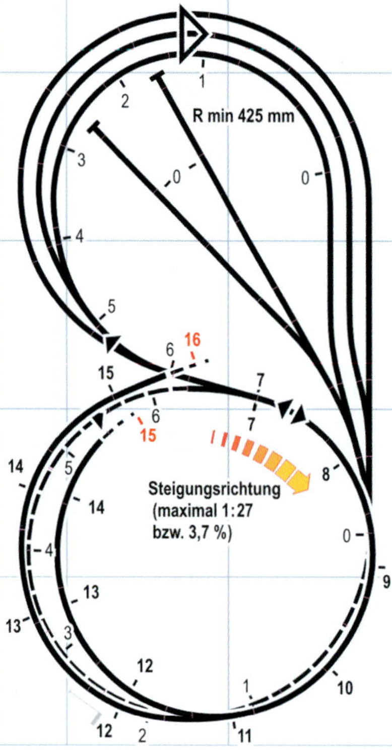

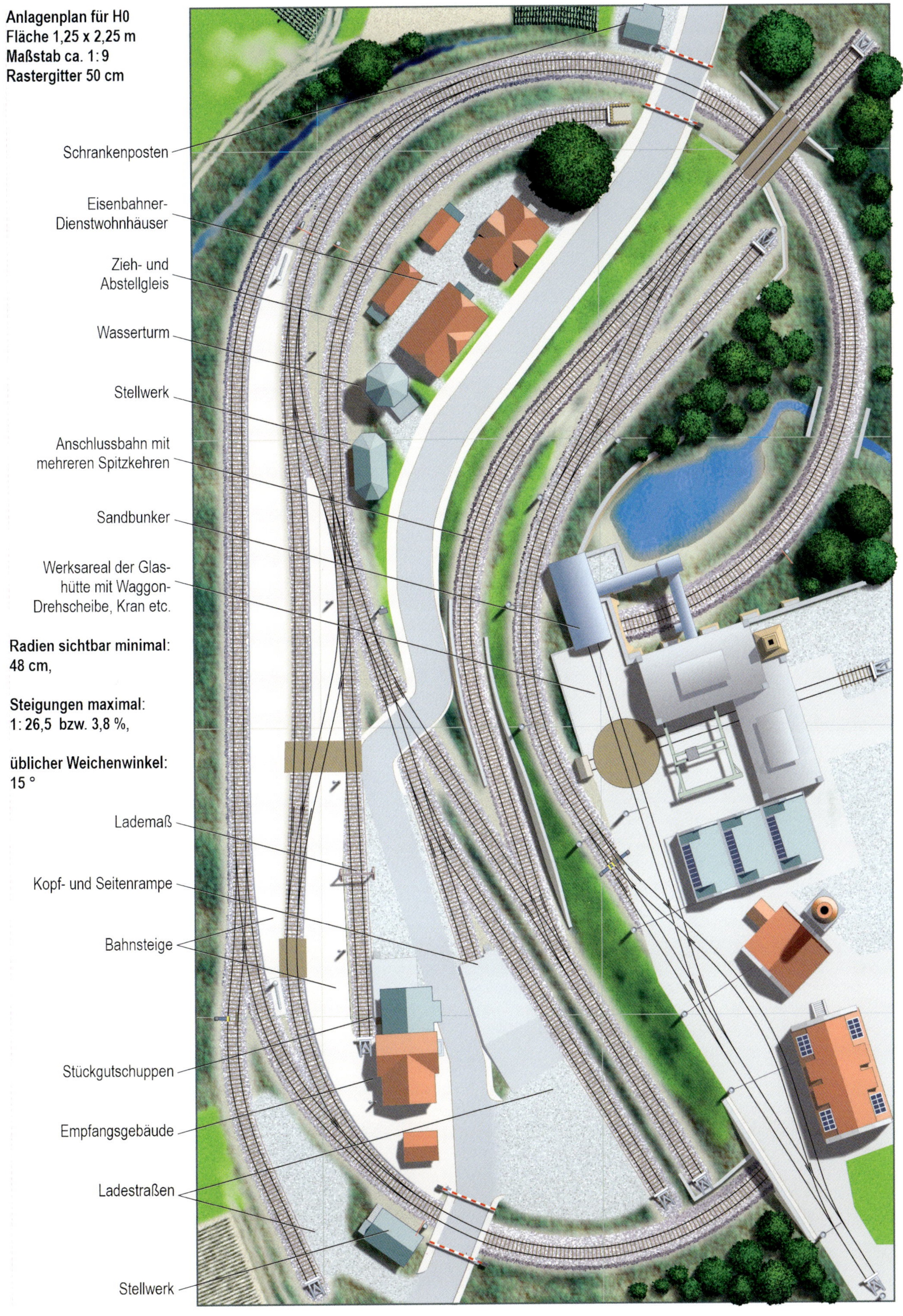
Anlagenplan für H0
Fläche 1,25 x 2,25 m
Maßstab ca. 1: 9
Rastergitter 50 cm
Schrankenposten
Eisenbahner-Dienstwohnhäuser
Zieh- und Abstellgleis
Wasserturm
Stellwerk
Anschlussbahn mit mehreren Spitzkehren
Sandbunker
Werksareal der Glashütte mit Waggon-Drehscheibe, Kran etc.
Radien sichtbar minimal: 48 cm,
Steigungen maximal: 1: 26,5 bzw. 3,8 %,
üblicher Weichenwinkel: 15 °
Lademaß
Kopf- und Seitenrampe
Bahnsteige
Stückgutschuppen
Empfangsgebäude
Ladestraßen
Stellwerk

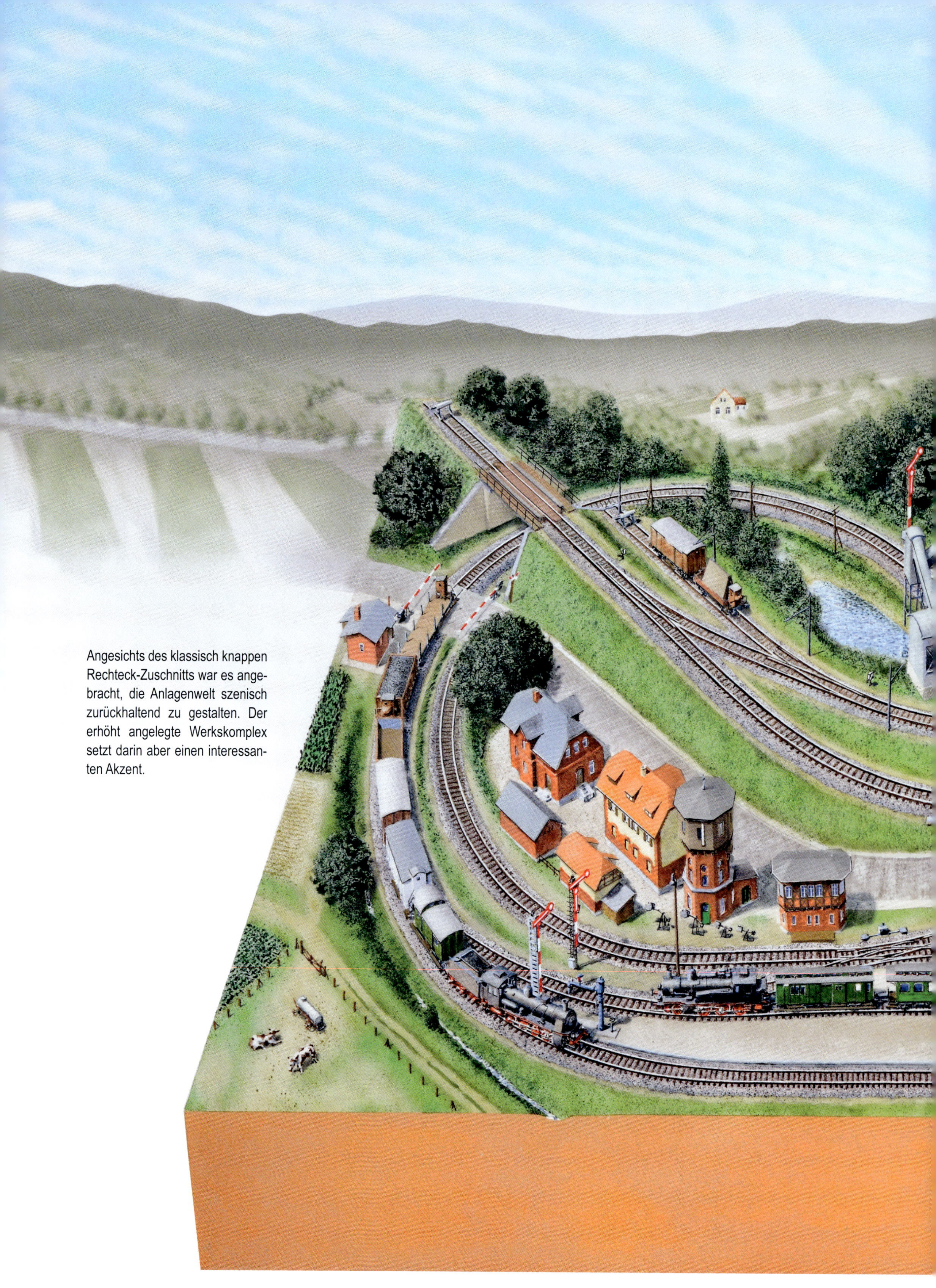

Angesichts des klassisch knappen Rechteck-Zuschnitts war es angebracht, die Anlagenwelt szenisch zurückhaltend zu gestalten. Der erhöht angelegte Werkskomplex setzt darin aber einen interessanten Akzent.

Vor eine Wand mit seitlich ausgreifender Hintergrunddarstellung gesetzt, lässt sich auch noch der Eindruck größerer räumlicher Weite vermitteln.

Höhenentwicklung der Anlagengleise in „Röntgen-Ansicht“

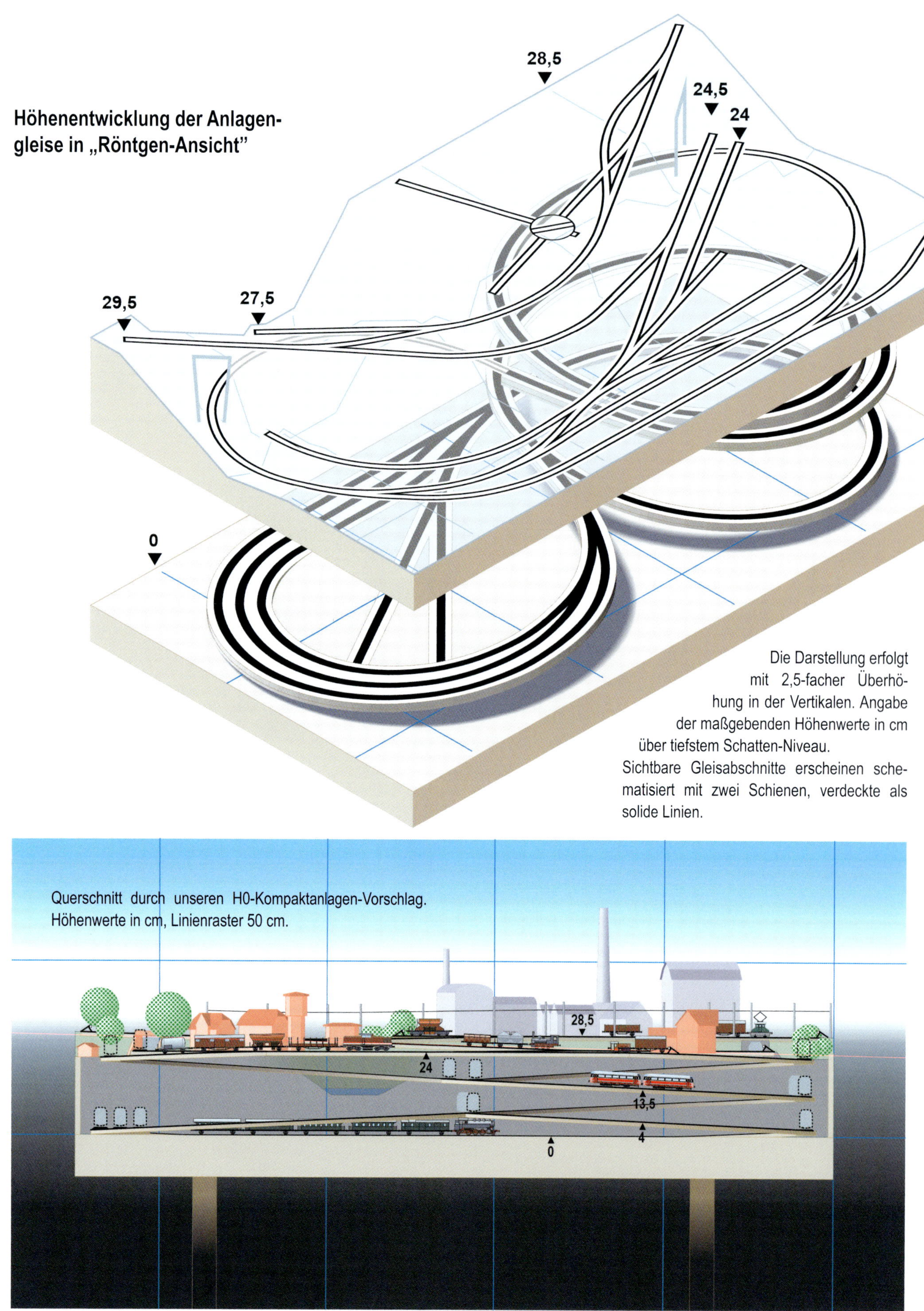

Die Darstellung erfolgt mit 2,5-facher Überhöhung in der Vertikalen. Angabe der maßgebenden Höhenwerte in cm über tiefstem Schatten-Niveau. Sichtbare Gleisabschnitte erscheinen schematisiert mit zwei Schienen, verdeckte als solide Linien.

Querschnitt durch unseren H0-Kompaktanlagen-Vorschlag. Höhenwerte in cm, Linienraster 50 cm.

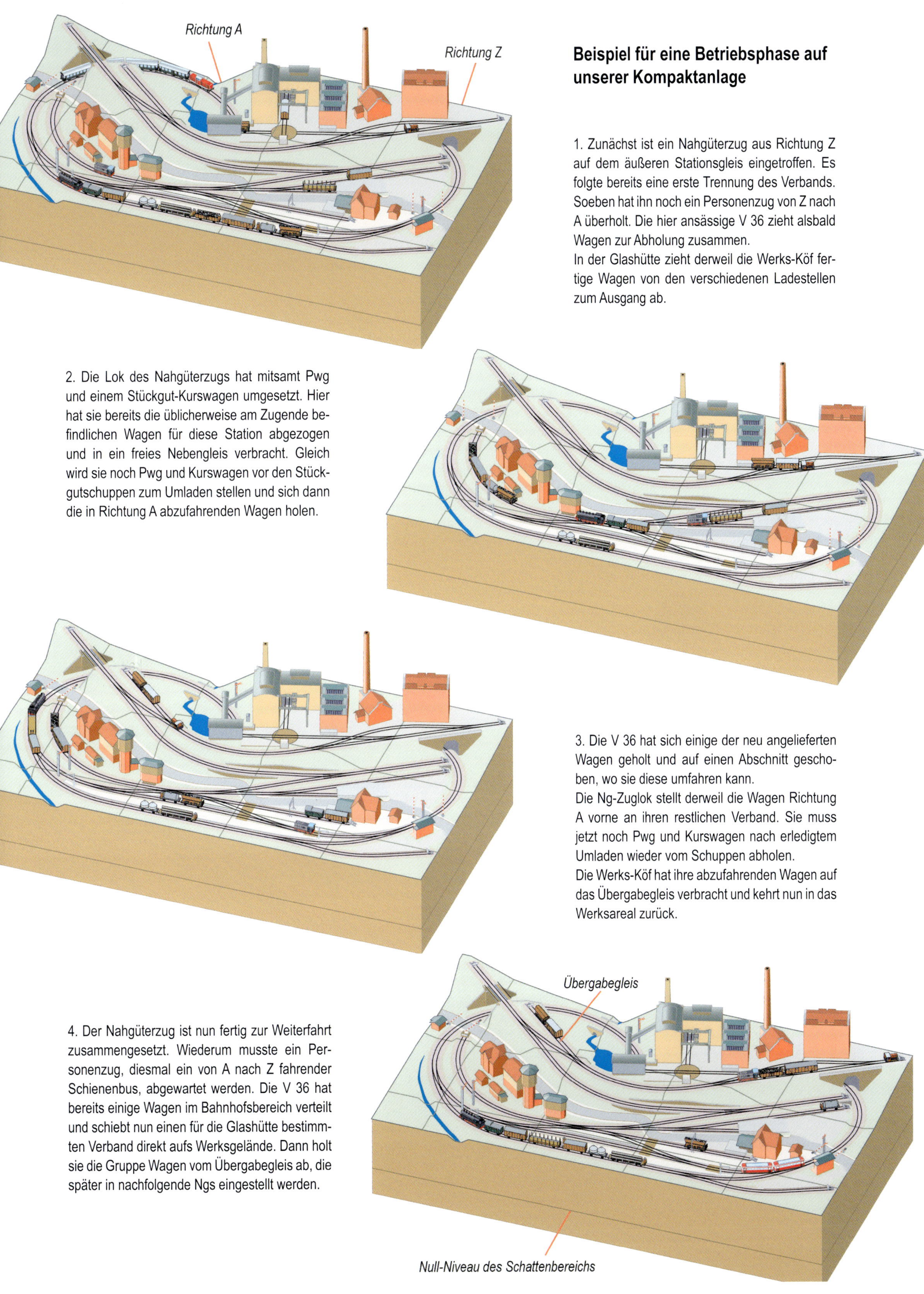

Beispiel für eine Betriebsphase auf unserer Kompaktanlage

1. Zunächst ist ein Nahgüterzug aus Richtung Z auf dem äußeren Stationsgleis eingetroffen. Es folgte bereits eine erste Trennung des Verbands. Soeben hat ihn noch ein Personenzug von Z nach A überholt. Die hier ansässige V 36 zieht alsbald Wagen zur Abholung zusammen.
In der Glashütte zieht derweil die Werks-Köf fertige Wagen von den verschiedenen Ladestellen zum Ausgang ab.

2. Die Lok des Nahgüterzugs hat mitsamt Pwg und einem Stückgut-Kurswagen umgesetzt. Hier hat sie bereits die üblicherweise am Zugende befindlichen Wagen für diese Station abgezogen und in ein freies Nebengleis verbracht. Gleich wird sie noch Pwg und Kurswagen vor den Stückgutschuppen zum Umladen stellen und sich dann die in Richtung A abzufahrenden Wagen holen.

3. Die V 36 hat sich einige der neu angelieferten Wagen geholt und auf einen Abschnitt geschoben, wo sie diese umfahren kann.
Die Ng-Zuglok stellt derweil die Wagen Richtung A vorne an ihren restlichen Verband. Sie muss jetzt noch Pwg und Kurswagen nach erledigtem Umladen wieder vom Schuppen abholen.
Die Werks-Köf hat ihre abzufahrenden Wagen auf das Übergabegleis verbracht und kehrt nun in das Werksareal zurück.

4. Der Nahgüterzug ist nun fertig zur Weiterfahrt zusammengesetzt. Wiederum musste ein Personenzug, diesmal ein von A nach Z fahrender Schienenbus, abgewartet werden. Die V 36 hat bereits einige Wagen im Bahnhofsbereich verteilt und schiebt nun einen für die Glashütte bestimmten Verband direkt aufs Werksgelände. Dann holt sie die Gruppe Wagen vom Übergabegleis ab, die später in nachfolgende Ngs eingestellt werden.

Rechteck mit Streckenmix

Mitunter ist es ein recht verschlungener Weg, den die Entwicklung einer Anlagenidee zum endgültig verbindlichen Resultat nimmt. In diesem Fall ging die Initialzündung von einer auf Ausstellungen gezeigten Anlage aus, die mit kompakten Maßen, netter Gestaltung und lebhaftem Verkehr zu gefallen wusste. Diese Anregung wurde mit ein paar Modifikationen aufgegriffen und führte – mit einem anderen Gleissystem als Grundlage – zu dem rechts abgebildeten Roh-Entwurf. Allerdings, so recht vermochten die absehbaren fahrtechnischen Möglichkeiten noch nicht zu überzeugen: Alle Zugläufe müssen zwangsläufig von der doppelgleisigen Paradestrecke im Tal immer wieder auf die eindeutig Nebenbahn-typischen Gleisabschnitte der oben liegenden Station überwechseln. So werden sich einerseits flüssige Fahrtenfolgen auf der Hauptstrecke und andererseits ungestörtes Rangieren im Bahnhof nur schwerlich realisieren lassen. Der gesamte Verkehr wird sich wohl eher als wenig attraktives beständiges „stop-and-go" abspielen.

So kam der Wunsch auf, die Tunnel-Abgänge getrennt in aufnahmefähige Schattenbahnhöfe münden zu lassen und den Nebenbahnverkehr weitgehend auf eigenen, von der Hauptstrecke getrennten, Kurs zu schicken. Dieses planerisch in ein handhabbares Konzept umzusetzen, war nun wahrlich keine Kleinigkeit, denn für derartige Ambitionen besteht innerhalb

der gegebenen Anlagen-Dimensionen nur geringer Spielraum. Aber schließlich gelang es doch – sogar innerhalb immer noch recht kompakt gehaltener Abmessungen. Allerdings unterscheidet sich das darauf entwickelte Streckenkonzept nun deutlich von jenem der ursprünglichen Anlagen-Idee.

Im Untergrund findet man zwei getrennte Schattenbahnhofsfiguren, welche die Endziele der Hauptstrecke repräsentieren. Sie gliedern sich in jeweils drei Durchfahr-Kehr- und drei Stumpf-Abstell-Gleise. Letztere sind bevorzugt für die Aufnahme von Triebwagen, Wendezügen und solo verkehrenden Loks gedacht. Derart kann das doppelgleisige Parade-Streckenstück in dichter Folge

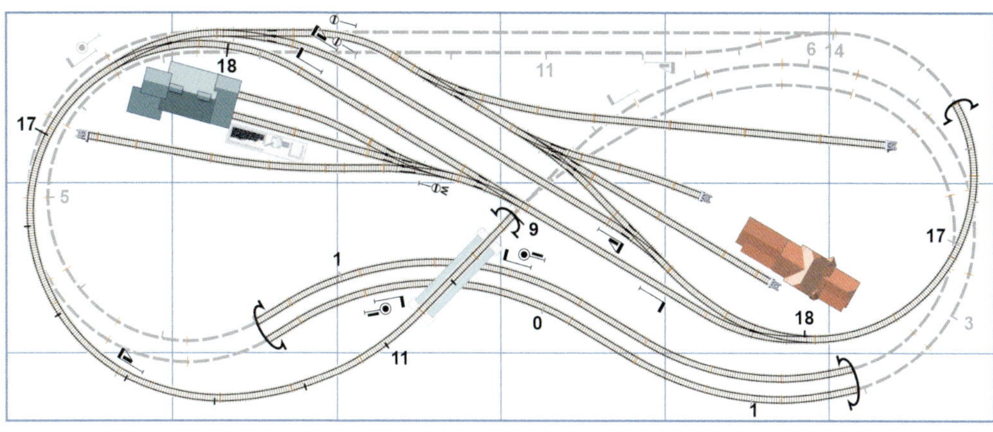

Angeregt von einer auf Ausstellungen vorgeführten Anlage entstand der obenstehende Entwurf für Roco-Line-Gleismaterial. Doch konnten die betrieblichen Möglichkeiten noch nicht recht überzeugen. So galt es, die Idee weiter zu entwickeln, was zum endgültigen gezeigten Vorschlag führte. Maße dieser Zwischenstufe 3,30 x 1,20 m.

Rmin
35,8 cm
Rmin sichtbar
48,1 cm

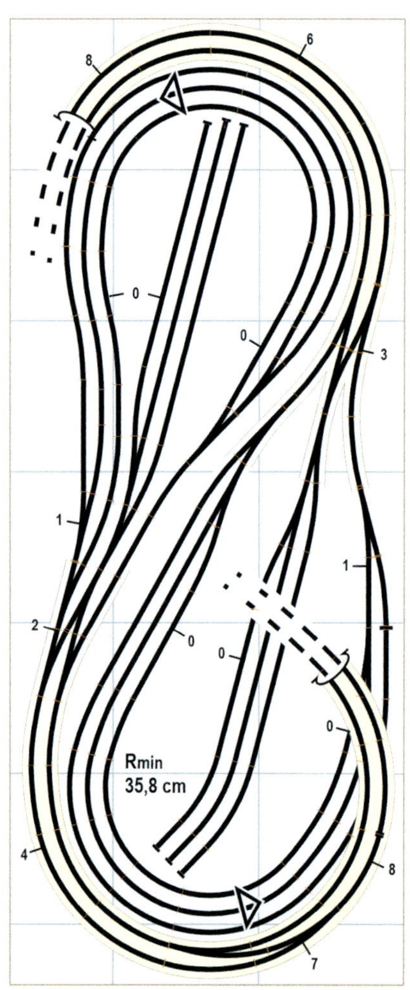

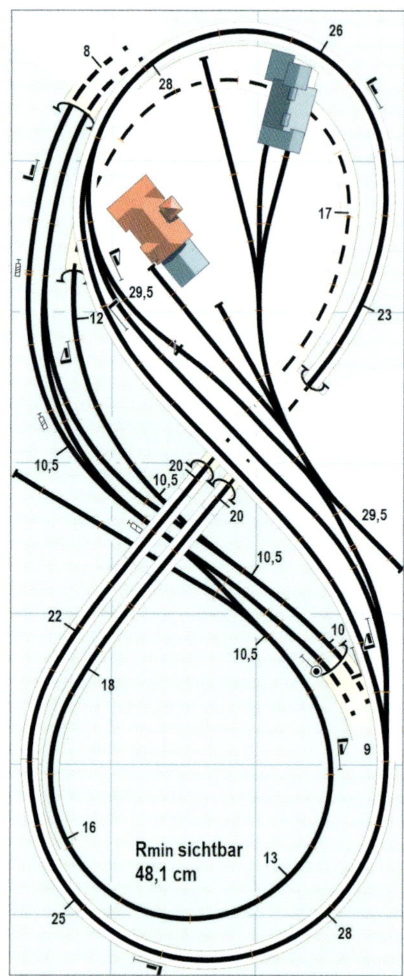

Links: verdeckte Gleisentwicklungen

Rechts: Gleisentwicklung an der Oberfläche

mit wechselnden Zugläufen beschickt werden, die zum Teil auch durchaus eine ordentliche Länge aufweisen dürfen. Von Fall zu Fall biegt eine Nebenbahn-Garnitur von der Hauptbahn-Magistrale ab und steuert den hochgelegenen Zwischenbahnhof an. Richtung bergab wird von dort aus wieder Anschluss an die Hauptstrecke gefunden.

Obwohl bei der Fortentwicklung der Anlagen-Idee die Außenmaße etwas großzügiger angesetzt wurden, blieb der Umriss in Form eines immer noch recht kompakten Rechtecks erhalten. Dieses Format wollte auf die Möglichkeit hin im Auge behalten werden, die Anlage beweglich, eventuell sogar transportabel zu halten. Die Herrichtung zu einer noch „am Stück" be-

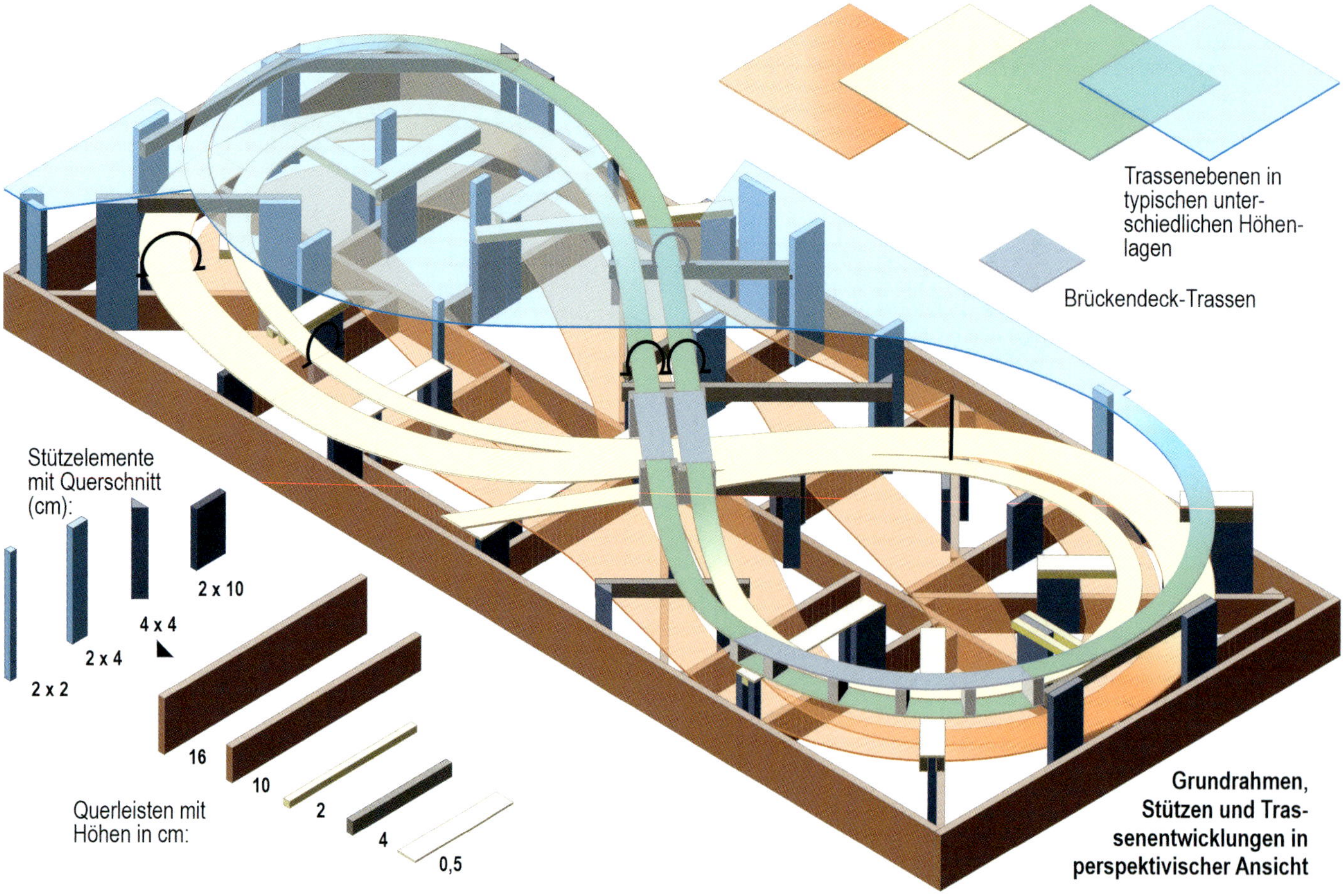

Trassenebenen in typischen unterschiedlichen Höhenlagen
Brückendeck-Trassen
Stützelemente mit Querschnitt (cm):
2 x 2
2 x 4
4 x 4
2 x 10
Querleisten mit Höhen in cm:
16
10
2
4
0,5

Grundrahmen, Stützen und Trassenentwicklungen in perspektivischer Ansicht

Schattenbahnhöfe
mit jeweils drei
Durchfahr- und
drei Stumpfgleisen
eingleisige
Nebenstrecke
doppel-
gleisige
Haupt-
strecke
Unterwegs-
station

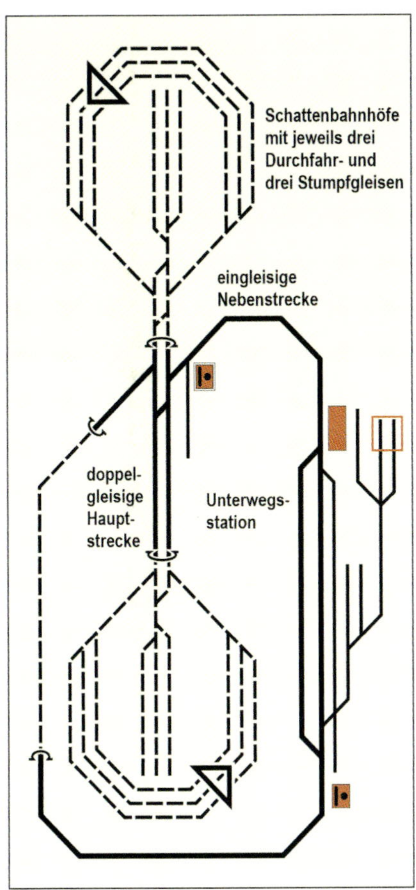

Anlagen-Gleisschema. Verdeckte Gleise gestrichelt, Zugfahrgleise dicker gezeichnet

weglichen Anlage ist nämlich nahezu ausschließlich über rechteckiger Grundrissfigur möglich, sei es zum Aufklappen, Fortrollen oder Hochziehen.

Die Konstruktion muss für genannte Zwecke mit einer hinreichenden inneren Stabilität und Verwindungsfreiheit daherkommen. In unserem Fall wird die Ausbildung der Rahmenelemente nicht unerheblich von der Tatsache verkompliziert, dass oberhalb des untersten Schattenniveaus gleich noch mehrere Trassen dicht übereinander liegen, die alle nach Abstützung vom Grundrahmen her verlangen.

Links ist als Vorschlag abgebildet, wie sich eine entsprechende Durchbildung der Rahmen- und Trassen-Elemente darstellen könnte.

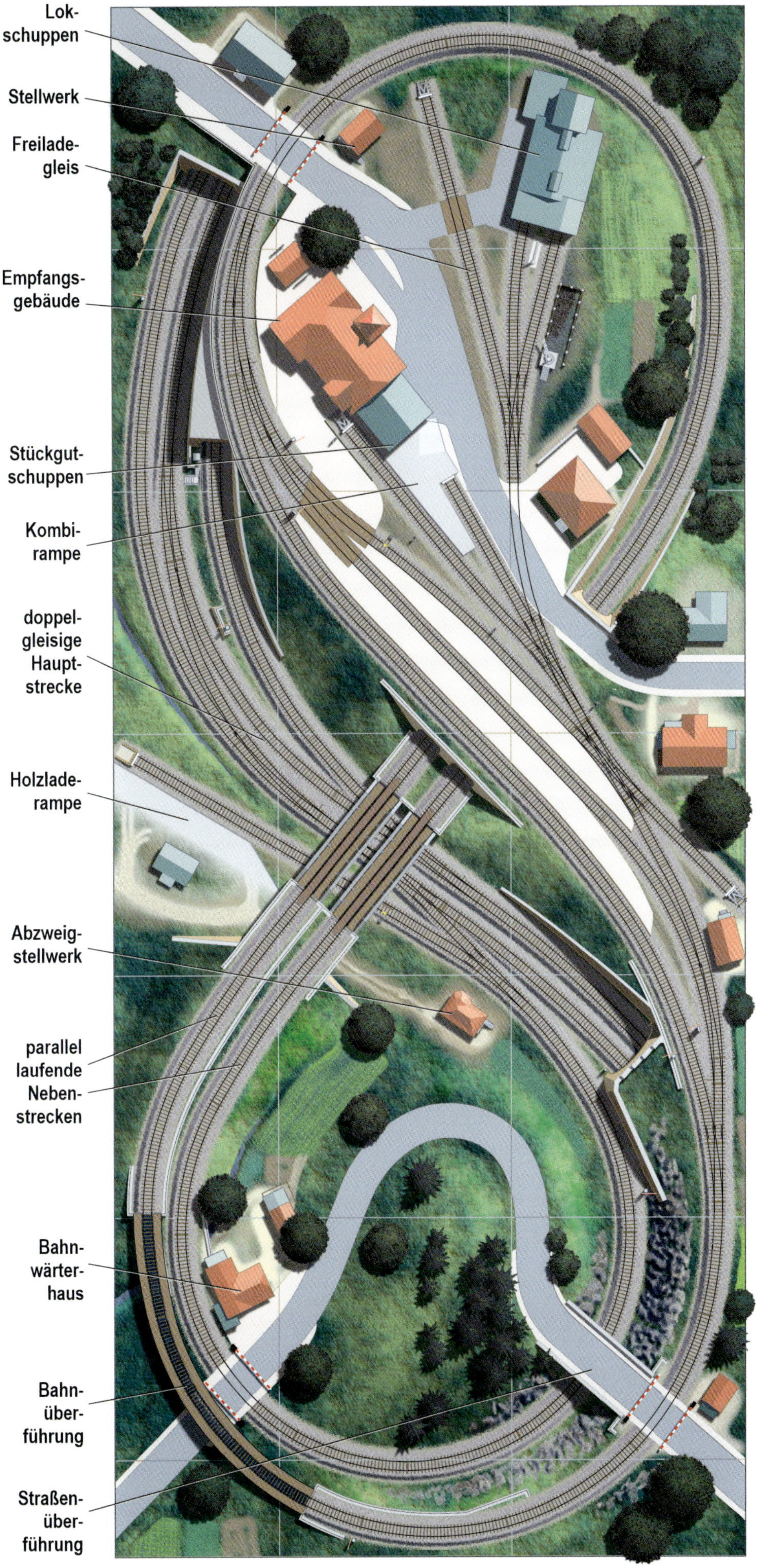

Lok-
schuppen
Stellwerk
Freilade-
gleis
Empfangs-
gebäude
Stückgut-
schuppen
Kombi-
rampe
doppel-
gleisige
Haupt-
strecke
Holzlade-
rampe
Abzweig-
stellwerk
parallel
laufende
Neben-
strecken
Bahn-
wärter-
haus
Bahn-
über-
führung
Straßen-
über-
führung

Szenerie der Anlage in der Aufsicht. Anlagengröße 3,2 x 1,35 m. Raster 0,5 m (H0). Maßstab 1:12,5 Gleismaterial Roco-Line

Städtchen mit Bahnhof

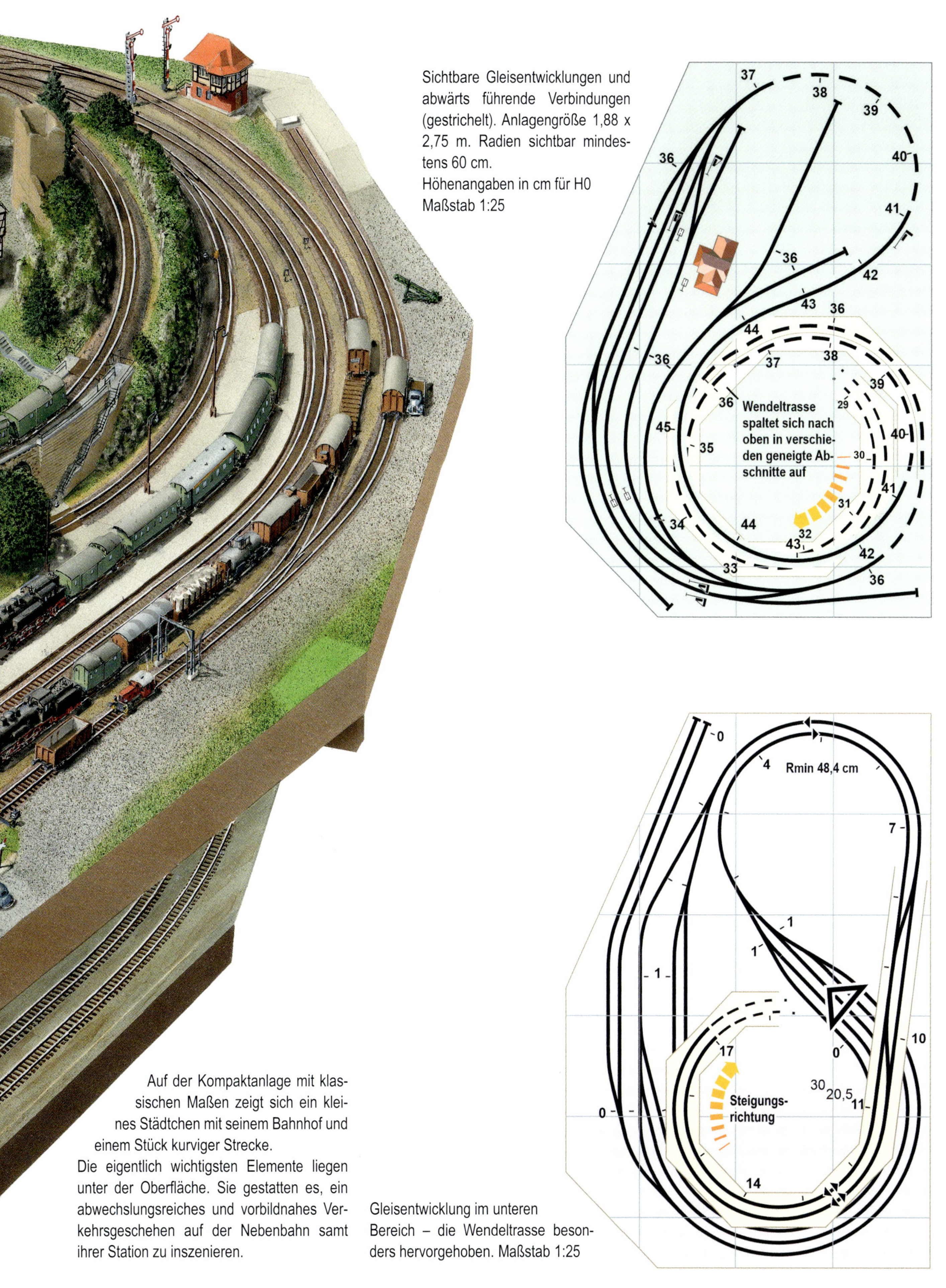

Sichtbare Gleisentwicklungen und abwärts führende Verbindungen (gestrichelt). Anlagengröße 1,88 x 2,75 m. Radien sichtbar mindestens 60 cm.
Höhenangaben in cm für H0
Maßstab 1:25

Auf der Kompaktanlage mit klassischen Maßen zeigt sich ein kleines Städtchen mit seinem Bahnhof und einem Stück kurviger Strecke.
Die eigentlich wichtigsten Elemente liegen unter der Oberfläche. Sie gestatten es, ein abwechslungsreiches und vorbildnahes Verkehrsgeschehen auf der Nebenbahn samt ihrer Station zu inszenieren.

Gleisentwicklung im unteren Bereich – die Wendeltrasse besonders hervorgehoben. Maßstab 1:25

Anlagen-Szenen, in denen idyllische Altstadt-Quartiere dicht neben geschäftigen Bahnarealen angesiedelt sind, laufen häufig Gefahr, unglaubwürdig, ja geradezu kitschig zu wirken. Diese Gefahr stand hier ebenfalls im Raum, als es galt, dem sich planerisch herausbildenden Schienenweg eine angemessene „Umgebung“ zu verpassen. Aber es gab gute Gründe, diesmal vielleicht doch ein Städtchen mit heimelig wirkenden Bauten als Kernmotiv vorzusehen.

Nicht zuletzt die in den Untergrund führende Wendelkonstruktion bedingte im sichtbaren Teil recht kurvige, über beträchtliche Höhendifferenzen verlaufende Zufahrten. Alleinig durch „freies Gelände“ führend lässt sich solch krummer Schienenweg nur schwer überzeugend begründen. Hingegen bieten sich historische Gemäuer als eine durchaus glaubhafte Barriere dar, welche eine Bahnlinie ehrfurchtsvoll umgehen sollte. Aus dem Dialog mit dem Gelände heraus begründet ergibt sich auch der anspruchsvolle langgezogene Bogen-Viadukt

Doch vor gefälliger landschaftlicher Durchbildung wollen die betrieblichen Möglichkeiten beachtet sein, die diesem noch kompakt zu nennenden Entwurf innewohnen. Man trifft auf eine ländliche Station, die in eine eingleisige Nebenstrecke eingebunden ist, welche jedoch durchaus mit Eilzug-Einsätzen aufwarten könnte. Mit drei Durchgangsgleisen und einer Reihe dem öffentlichen und auch privaten Güterumschlag dienenden Nebengleisen bietet solcher Bahnhof bereits hinreichend Beschäftigung für den „Einzelfahrer“. Zumal, wenn die Erfordernisse eines geregelten Fahrplan- und innerstationären Rangierverkehrs gewissenhaft berücksichtigt werden. Die Einrichtungen im Schatten bieten eine für diese Größenkategorie hinreichend bemessene Aufstell-Kapazität. Angesichts des begrenzten Anlagenumrisses ist die Anbindung der Unterwelt keine ganz einfache Angelegenheit. Die Lösung hier bedient sich nebeneinander in einer einzigen Wendelkonstruktion geführter Streckenabgänge auf eine gemeinschaftlich genutzte Abstellharfe zu. Besonders hervorzuheben wären die günstigen Zugriffsmöglichkeiten zum Schattenbereich. Zwei nahe an den Rand gerückte Stumpfgleise sollen insbesondere die Zurechtbildung von Nahgüterzügen ermöglichen.

Bei der Rahmenkonstruktion wurde die Möglichkeit zur Zerlegung in transportable Einzelteile im Auge behalten. Für Wartungszwecke empfehlen sich Rollen unter den Standfüßen.

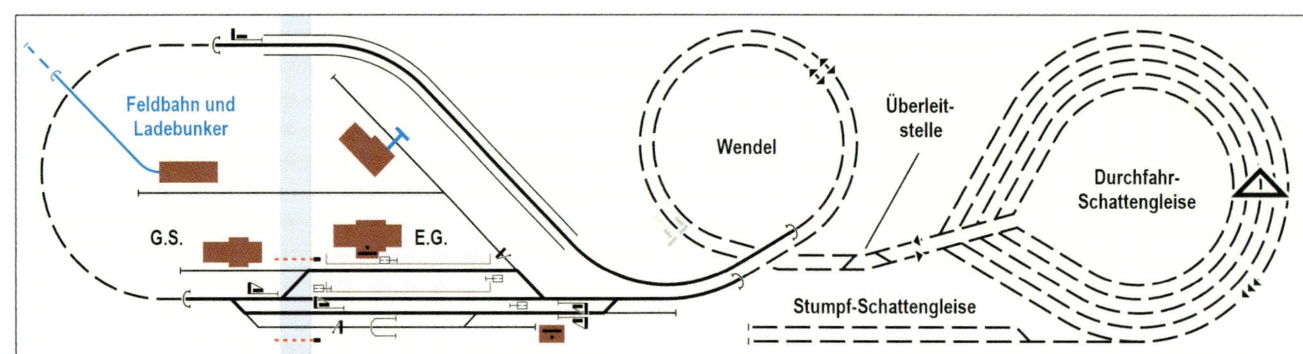

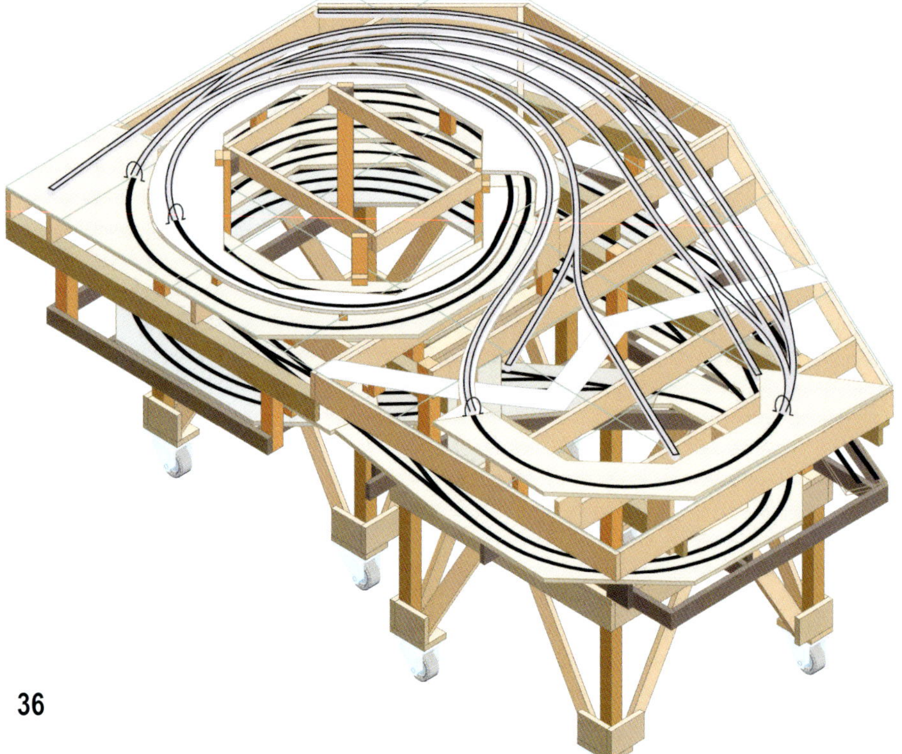

Die gesamte Gleisentwicklung der Anlage in einer „auseinandergerollten“ schematisierten Darstellung. Man beachte, dass die nebeneinander liegenden Gleise der Wendel in beiden Richtungen durchfahren werden – nicht etwa im „Rechtsverkehr“ einer Doppelgleisstrecke! Signalsymbole folgen den sich gemäß der konkreten Gleislage ergebenden Formen.

Durch Fortlassen des Geländeüberzugs und abschließender Seitenpaneele wird hier ein Blick auf die angedachte Rahmenkonstruktion gewährt. Dabei sollen zwei voneinander trennbare Abschnitte auf separaten Standgestellen lagern, so dass im Bedarfsfall ein Zerlegen der Anlage in noch transportable Einheiten möglich ist.
Für Wartungszwecke auch in engen Räumlichkeiten ist eine Rollfähigkeit empfehlenswert.

Anlagenplan im Maßstab 1:10
Grubenbahn mit Verladebunker
Stückgutschuppen
Stationsgebäude
Bahnsteige
Überholgleis
Ladestraße
Stammgleis
Rampe
Stellwerk

Güter-Kreislauf

Die durch die Anlagemitte und auch am Rand laufende Kulisse grenzt einen winkelförmigen Bereich ein. Auf dem dargestellten kleinen Abzweigbahnhof finden im Wesentlichen die Zugumbildungen mit den von und zu den diversen Anschlüssen laufenden Wagenkursen statt. Die teilweise reliefartig ausgeführten Fassaden des Möbelwerks bilden den prägnanten rückwärtigen Abschluss des Stationsgeländes. Auf dem kürzeren Anlagenflügel hingegen wächst jener Wald, aus dem angenommenerweise der Ausgangsstoff Holz für die unseren Modellbetrieb bestimmenden Transportkreisläufe stammt.

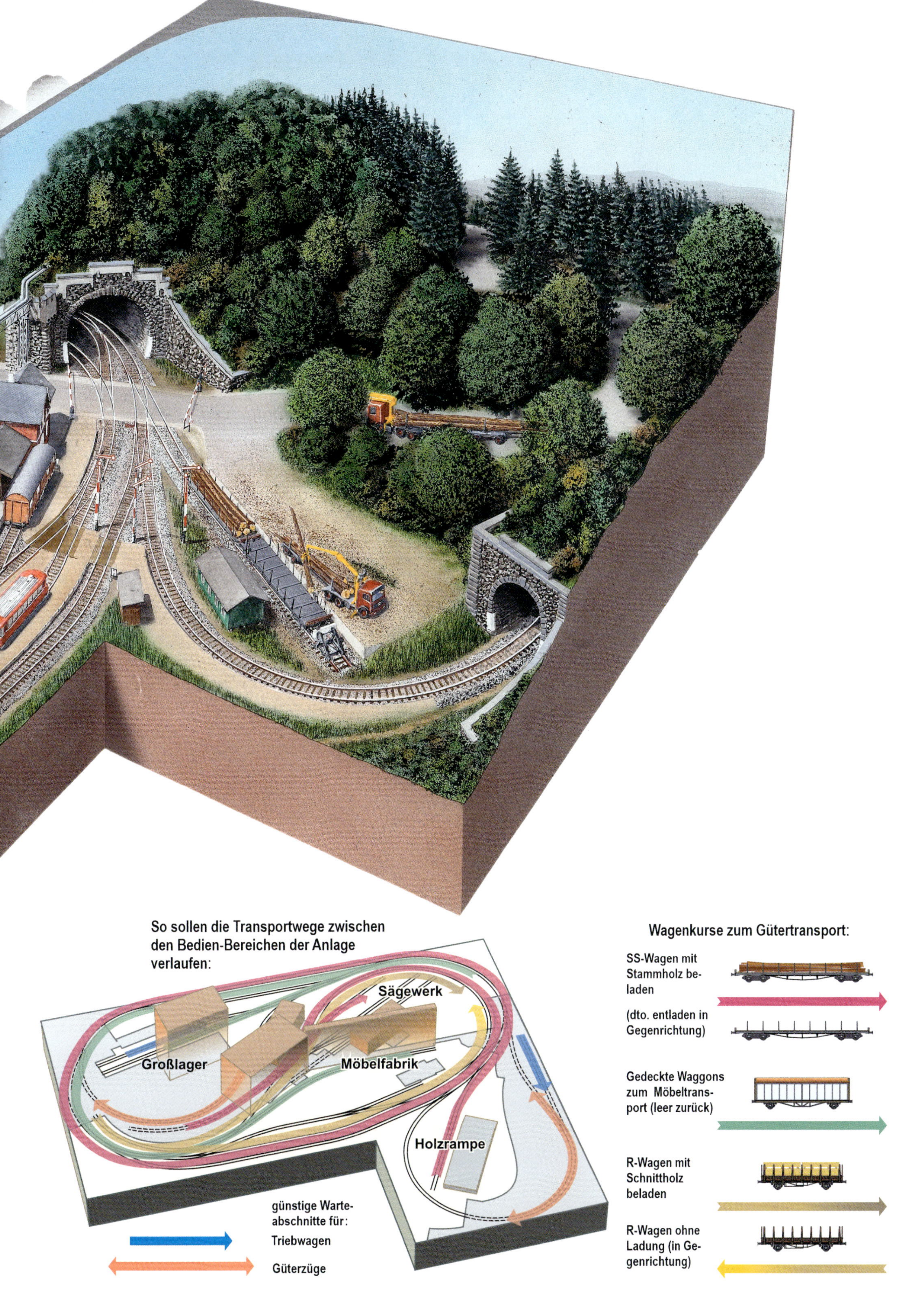
So sollen die Transportwege zwischen den Bedien-Bereichen der Anlage verlaufen:
Sägewerk
Großlager
Möbelfabrik
Holzrampe
günstige Warte-abschnitte für:
Triebwagen
Güterzüge
Wagenkurse zum Gütertransport:
SS-Wagen mit Stammholz beladen
(dto. entladen in Gegenrichtung)
Gedeckte Waggons zum Möbeltransport (leer zurück)
R-Wagen mit Schnittholz beladen
R-Wagen ohne Ladung (in Gegenrichtung)

Die Durchgestaltung dieses Anlagen-Entwurfs entsprang dem Wunsch, auf kleiner Fläche die sich bei einem Produktionsprozess einstellenden Transportverläufe in ihrer Gänze wiederzugeben. Natürlich kann es sich dabei nur um symbolisch abgekürzte Bewegungen handeln, denn das Transportmittel Bahn wird schließlich erst dann bemüht, wenn nennenswerte Distanzen zu überwinden sind. Sei's drum: Hier soll es um die Wege gehen, die das Ausgangsprodukt Holz vom Einschlagort über das Sägewerk zur Möbelfabrik und schließlich als fertiger Artikel – Schrank, Stuhl, Bett – beim Warenversandhaus nimmt.

Für die einzelnen Transportschritte wollen selbstverständlich die passenden Waggontypen herangezogen werden, die in zielgerichtete Zugläufe einzustellen und daraufhin zum nächstfolgenden Verarbeiter abzufahren sind. In unserem Fall finden sich die nacheinander anzufahrenden Positionen stets auf der abwechselnd gegenüberliegenden Seite einer Trennkulisse gelegen, welche die Anlagenmitte durchzieht. So wird der Mangel an eigentlich kaum vorhandener Streckendistanz hinreichend überspielt. Zwar muss man sich mit dem Betrachten, beinahe lachhaft zu nennender, kurzer Zuggarnituren zufrieden geben, die über wenig bemerkenswerte Abschnitte eilen. Aber dem Geschehen könnte doch immer noch einiges an Geschäftigkeit und Sinnhaftigkeit abgewonnen werden: Der Güterverkehr genügt letztlich durchaus einsichtigen Zwecken und für glaubhafte Personenzug-Einsätze bleibt ebenfalls einiger Spielraum.

Dem eher spielorientierten Charakter könnte bereits auch eine einfache konstruktive Durchbildung gerecht werden,

Auf dieser Anlagenhälfte bildet ein größeres Sägewerk den betrieblichen Mittelpunkt. Hinzu kommt eine Vorort-Haltestelle mit Durchgangs- und Kopfgleisen sowie dem Ladegleis eines Möbelvertriebs.
Zusätzlich will der Abzweigverkehr zum verdeckten Kehrgleis überwacht sein, damit stellen sich auch in diesem schmalen Bezirk eine ganze Reihe interessanter betrieblicher Aufgaben ein.

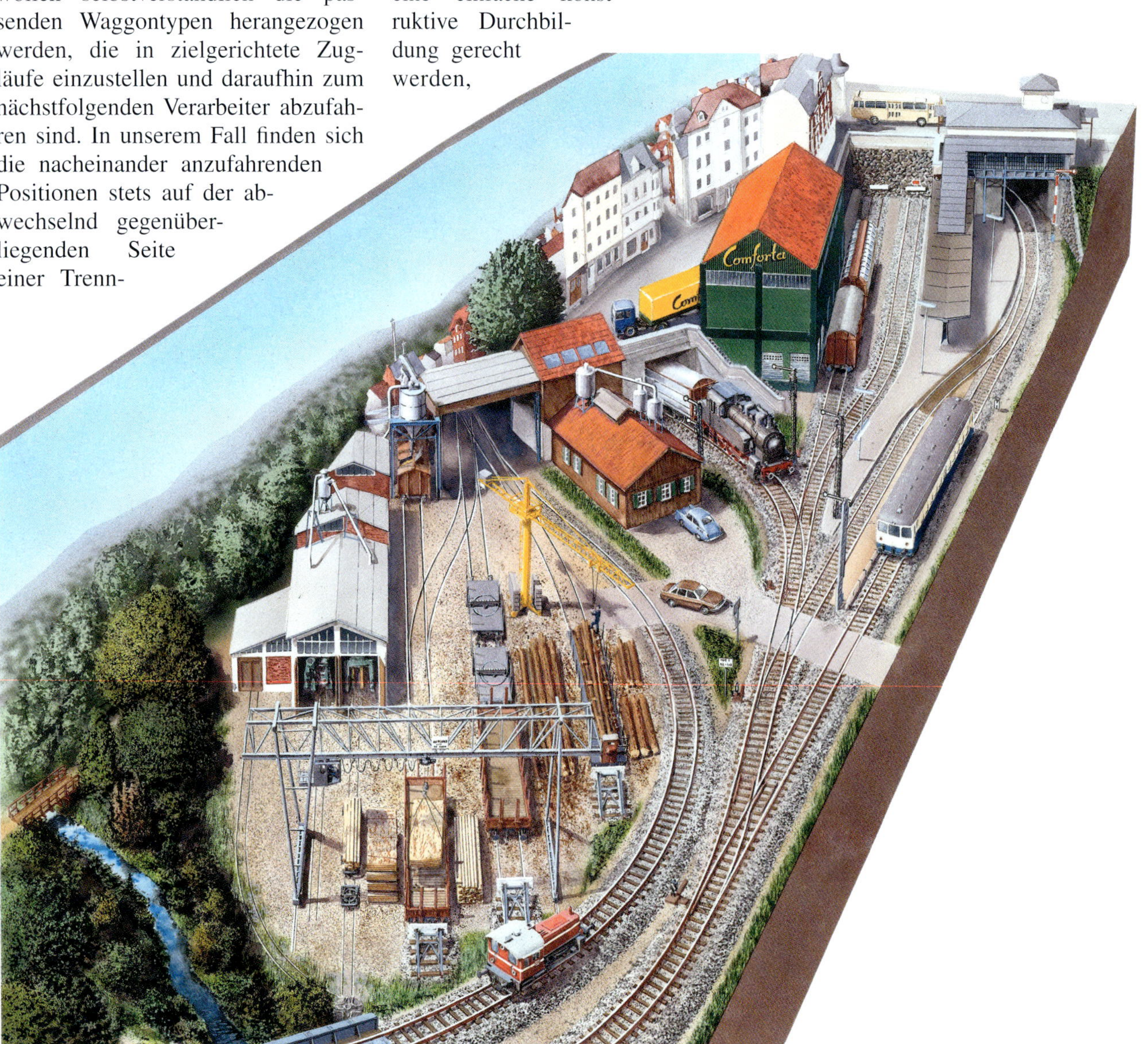

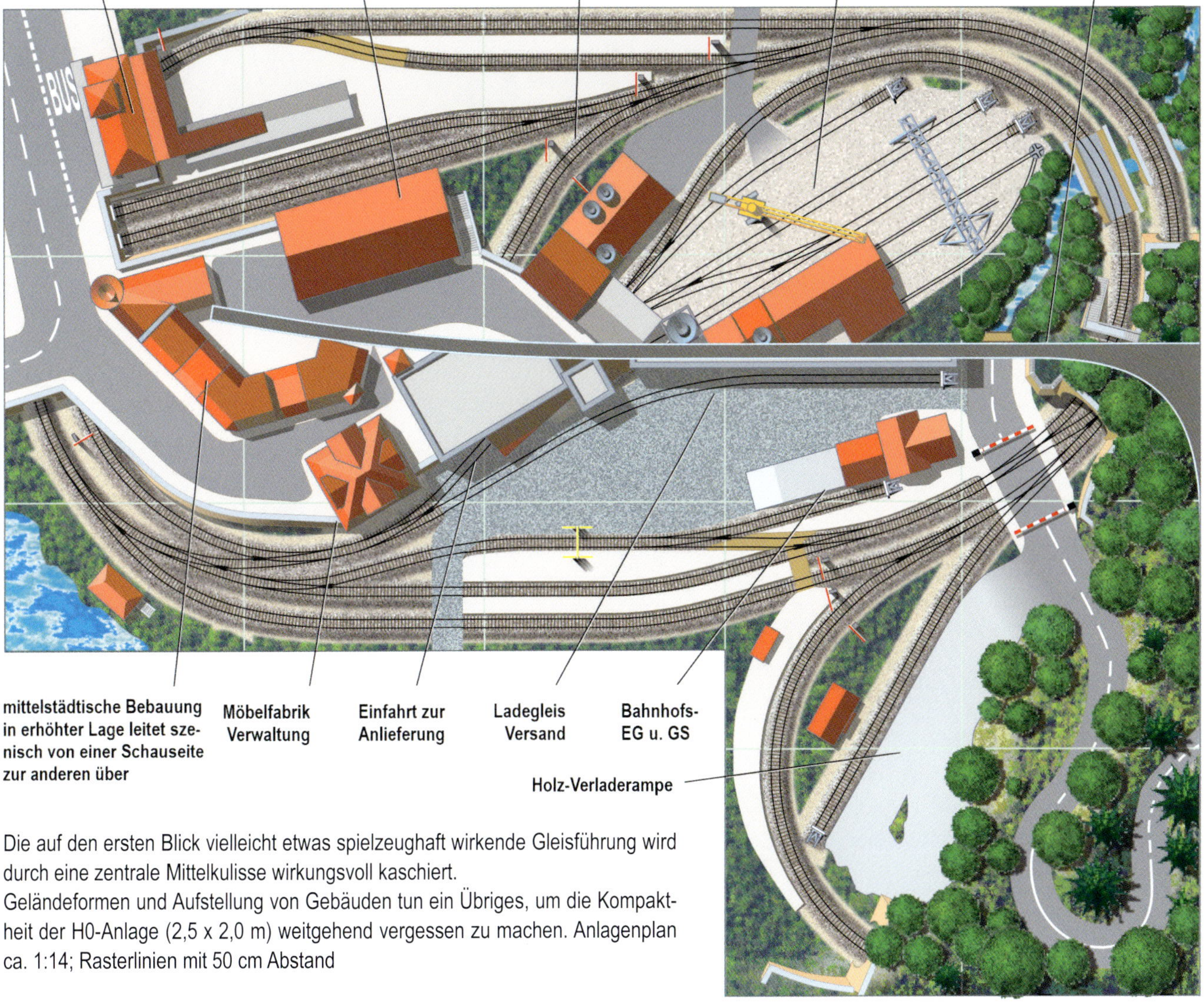

Vorortstation in Brückenlage

Großlager (Möbelhandel)

Abzweig zum verdeckten Kehr- und Wartegleis

Sägewerks-, Lade- und Aufstellgleise

in der Mittenachse angeordnete beidseitige Hintergrundkulisse grenzt die gegenseitige Einsicht der Aufsichtsbezirke ab

mittelstädtische Bebauung in erhöhter Lage leitet szenisch von einer Schauseite zur anderen über

Möbelfabrik Verwaltung

Einfahrt zur Anlieferung

Ladegleis Versand

Bahnhofs-EG u. GS

Holz-Verladerampe

Die auf den ersten Blick vielleicht etwas spielzeughaft wirkende Gleisführung wird durch eine zentrale Mittelkulisse wirkungsvoll kaschiert.
Geländeformen und Aufstellung von Gebäuden tun ein Übriges, um die Kompaktheit der H0-Anlage (2,5 x 2,0 m) weitgehend vergessen zu machen. Anlagenplan ca. 1:14; Rasterlinien mit 50 cm Abstand

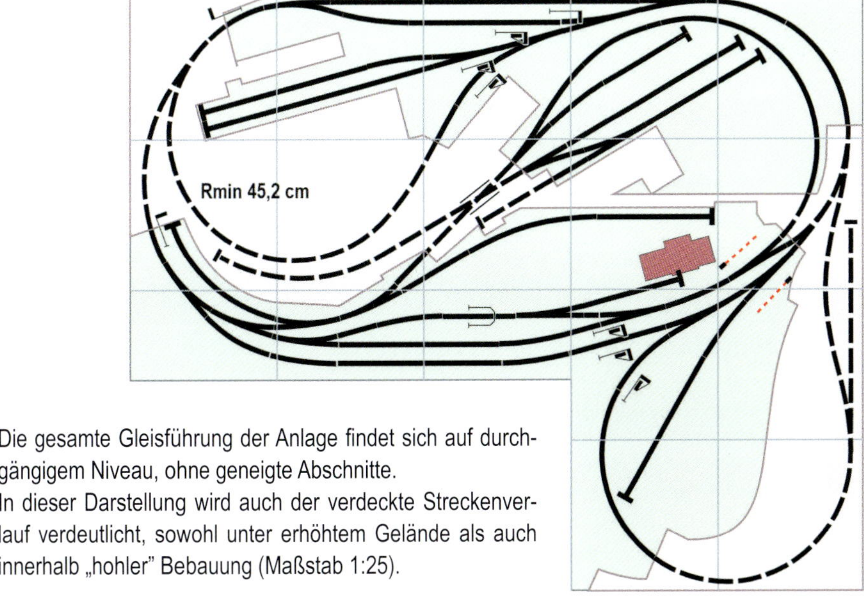

Die gesamte Gleisführung der Anlage findet sich auf durchgängigem Niveau, ohne geneigte Abschnitte.
In dieser Darstellung wird auch der verdeckte Streckenverlauf verdeutlicht, sowohl unter erhöhtem Gelände als auch innerhalb „hohler" Bebauung (Maßstab 1:25).

wobei eine durchgehende Platte als Unterbau genügen würde. Fallweise ist bei den „mit Gewässer" gezeigten Stellen ein Heraussägen des Talgrunds angebracht.

Die mit der empfohlenen Mittel-Kulisse einhergehende Aufteilung in getrennte Sichtbereiche legt von vornherein die Bedienung durch zwei Mitspieler nahe. Womöglich wollen dann auch, wie beim Vorbild üblich, die von Seite zu Seite wechselnden Zugläufe und Abteilungen von den Personalen wechselseitig angeboten, angenommen, ab- und rückgemeldet werden.

„Rennbahn" in zwei Varianten

Rmin 48,4 cm
Innen-wendel
Außen-wendel

Sichtbare Gleisentwicklung (schwarz)

Anlagenvariante A in „Röntgenansicht":

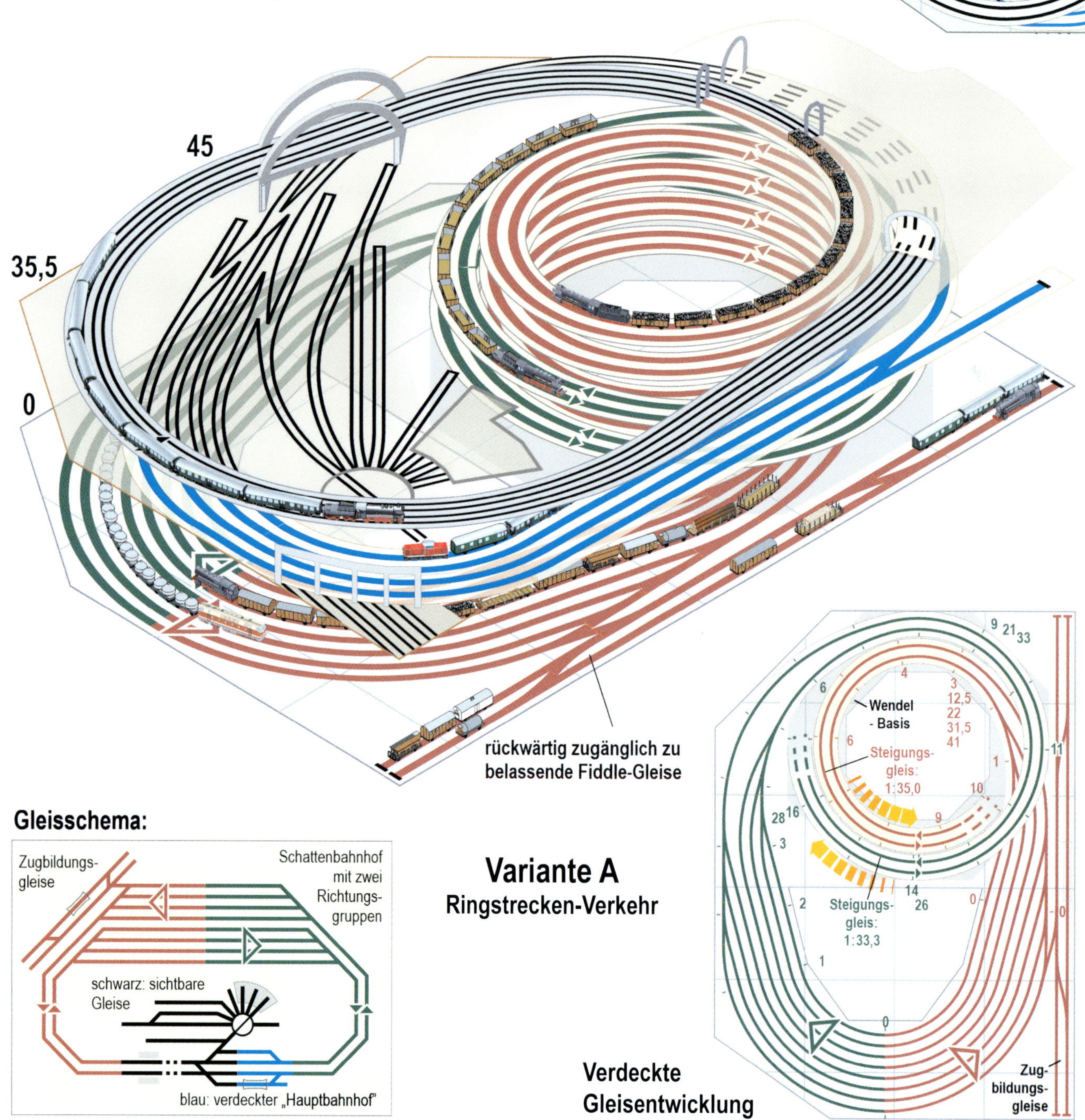

Variante A
Ringstrecken-Verkehr

Verdeckte Gleisentwicklung

Szenischer Plan im Maß-
stab 1:10 für H0
sichtbare Radien mit
mindestens 80 cm
Hauptsächlich
12°-Weichen
40
41
42
42
43
43
44
44
44,5
37
45
36
45
35,5
35,5
Außenmaße
2,75 x 2,00 m
Höhenangaben in cm
für Variante A

Über ordentlich lange Hauptbahn-Strecken viele Züge fahren zu lassen, steht bei vielen Modellbahnfreunden an erster Stelle. Sollen dann auch noch möglichst unverkürzt lange Schnellzugwagen zum Einsatz kommen, wird es mit der Planung einer entsprechenden Anlage schwierig, zumal wenn nicht besonders ausufernde Flächenmaße zur Verfügung stehen. Dieser Entwurf will dazu einen Lösungsversuch anbieten, für dessen verdeckten Speicherbereich zwei Ausführungen mit unterschiedlichem baulichen Anspruch konzipiert wurden. Allerdings müssen als Preis für eine weit ausschwingende Streckenführung knapp bemessene sichtbare Stationsabschnitte hingenommen werden. Die Konstruktion mit einander durchdringenden Wendeln stellt sich zwar anspruchsvoll dar, sorgt aber für eine zügige Versorgung der „Rennstrecken" mit Zuggarnituren.

Mit Sicht von der bevorzugten Schauseite her präsentiert sich hier die speziell auf regen Zugverkehr hin konzipierte Anlage.
Bestimmend wirkt die in weitem Bogen geführte hochgelegene zweigleisige Strecke. Sie umrundet Vorfeld und Dampflok-Bw, die beide offenkundig zu einer größeren Station gehören, welche jedoch nur noch hinter einer Überführung erahnt werden kann.

Variante B

Kehrschleife-zu-Kehrschleife-Verkehr

Gleisschema

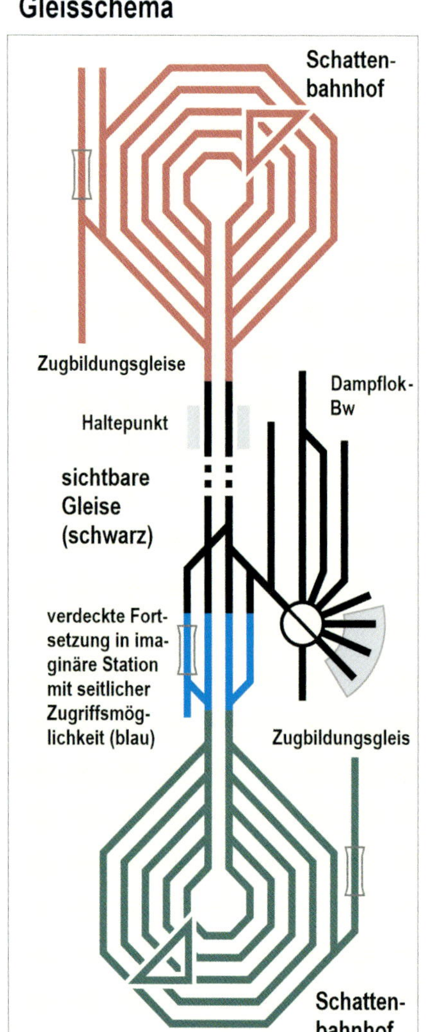

Anlagenansicht als „Röntgenbild"

Höhenentwicklung vierfach auseinander gezogen dargestellt

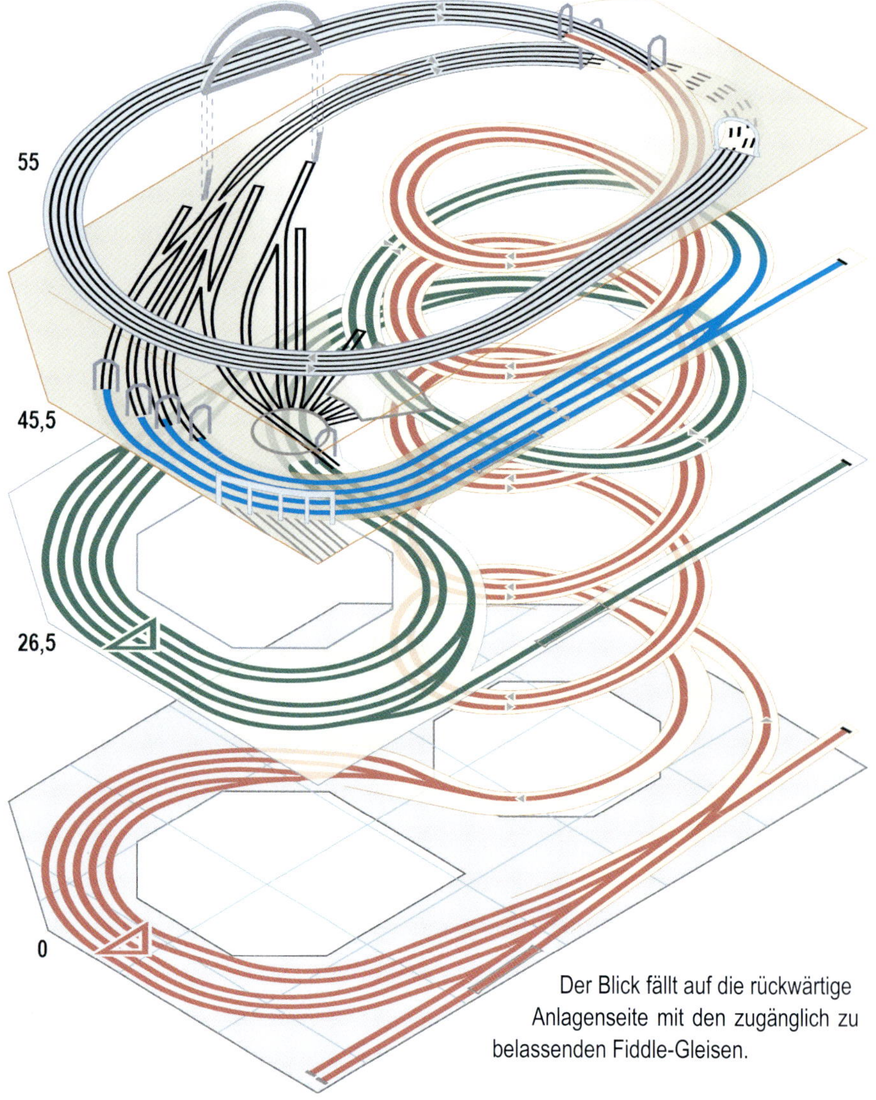

Der Blick fällt auf die rückwärtige Anlagenseite mit den zugänglich zu belassenden Fiddle-Gleisen.

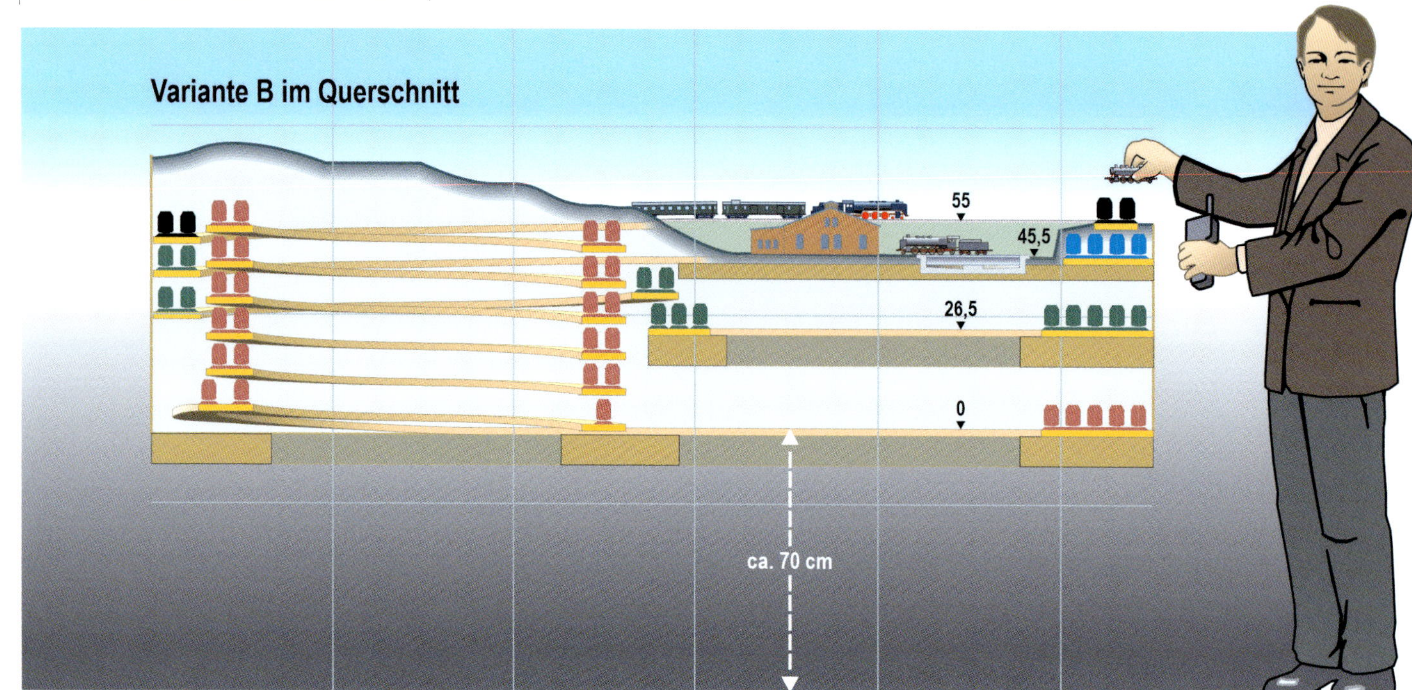

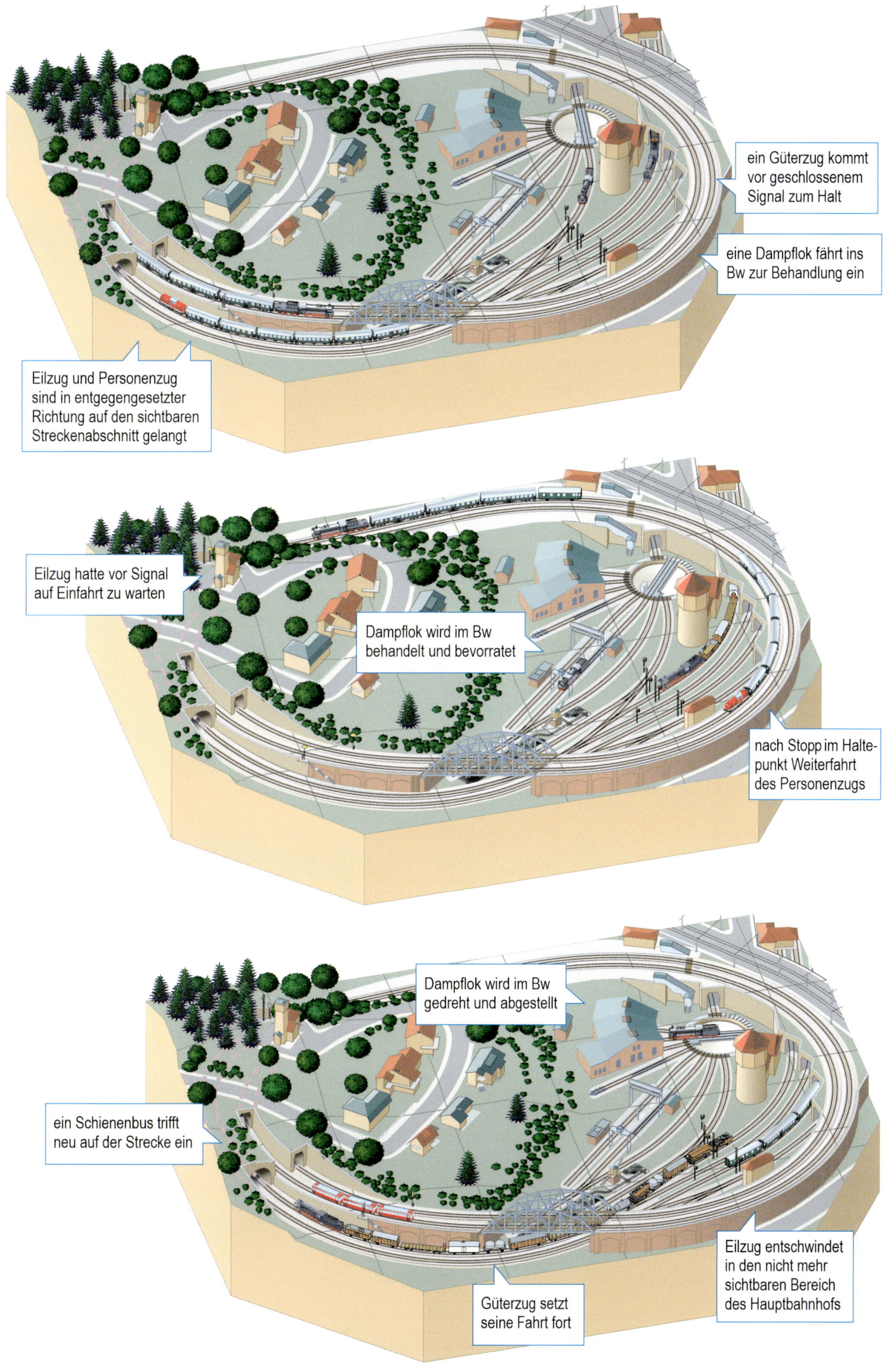
ein Güterzug kommt vor geschlossenem Signal zum Halt
eine Dampflok fährt ins Bw zur Behandlung ein
Eilzug und Personenzug sind in entgegengesetzter Richtung auf den sichtbaren Streckenabschnitt gelangt
Eilzug hatte vor Signal auf Einfahrt zu warten
Dampflok wird im Bw behandelt und bevorratet
nach Stopp im Haltepunkt Weiterfahrt des Personenzugs
Dampflok wird im Bw gedreht und abgestellt
ein Schienenbus trifft neu auf der Strecke ein
Eilzug entschwindet in den nicht mehr sichtbaren Bereich des Hauptbahnhofs
Güterzug setzt seine Fahrt fort

Alpenbahn-Spirale

Mitunter stößt man auf abwegige, ja geradezu absurd erscheinende Anlagen-Ideen, die einen trotzdem irgendwie in den Bann ziehen. Unversehens spinnt man den Faden weiter und versucht, den eigentlich widersinnigen Vorgaben verborgene Möglichkeiten zu entlocken und zu einem brauchbaren Ganzen zu entwickeln. So stellte sich auch beim Entdecken eines Entwurfs zu einer kreisrunden Anlage im ersten Impuls die Frage: Was bringt das? Vernichtende Antwort: Viel Aufwand und Abfall beim Heraussägen der Grundform, kaum gestreckte Gleisformationen, verkrampfte Geländegestalt und denkbar ungünstige Stellraum-Nutzung im Zimmer!

Doch dann kam beim zweiten Nachdenken ein Gedankenblitz: Die Kreisform erinnert an ein Karussell, also warum nicht auch einmal eine Anlage drehbar herrichten, sodass die Szenerie ganz nach Belieben aus verschiedenen Perspektiven betrachtet werden kann, ohne dass man sich dafür aus dem Sessel erheben muss. Während die Scheibe gegensinnig zur Fahrtrichtung gedreht wird, lässt sich so ein Zuglauf über gehörige Distanz ununterbrochen von der Seite her beobachten. Gelingt es, die Strecke in mehrfacher Windung durch das Gelände zu leiten, dann lässt sich ein solches Spektakel auch mit gehöriger Fahrtdauer aufführen.

Die „Abrundung“ dieser Gedanken führte schließlich zu einem Entwurf im N-Maßstab. Allzu ausladend sollten die Dimensionen solcher Konstruktion nämlich nicht sein. Ein Durchmesser von 1,20 m ergibt schon eine beachtliche „träge Masse“, die im Notfall noch sicher „abgebremst“ werden will. Als auf den Drehteller geformtes Gelände bietet sich eine Landschaft im Alpenraum als naheliegend an, wo Bahnen ja öfters solchen mehrfach gewundenen Verlauf nehmen. Im Schaubild gelangen dementsprechend schweizerische Bahnanlagen und Fahrzeuge zur gestalterischen Empfehlung.

Von der Grundidee ausgehend lässt sich sicherlich bereits ein einfaches Schaustück ohne höhere Ansprüche an das Verkehrsgeschehen entwickeln. Auch ohne einen aufwendig angebundenen Schattenbereich ließe sich ein „unendlicher“ Fahrweg aufziehen, auf dem reichlich Bewegung herrscht. Für ein dekoratives Schaustück kann solches mancherorts vielleicht durchaus genügen und Gefallen finden.

In der hier aufgezeigten Form stellt die praktische Ausführung aber doch eine recht anspruchsvolle Aufgabe dar. Zumal, wenn ein regelbarer Antrieb zur Drehbewegung hinzukommt. Unabdingbar müssen Fahr-

Eine Gebirgsbahn bildet den motivischen Rückhalt für die mehrere Male um die Anlage gewundenen Streckengleise. Wird anstelle der hier gezeigten schweizerischen eine deutsche Thematik bevorzugt, sollte man den Plan übrigens spiegelbildlich übernehmen. Dann stellt sich in der zentralen Wendel – bei nunmehrigem Rechtsverkehr – der günstigere Steigungswert (ca. 3 %) ebenfalls auf dem äußeren Gleis ein.

und Schaltvorgänge digitalisiert geregelt werden. Danach reicht eine begrenzte Menge an Kontakt-Übergängen zum Drehteil aus: Deren für Analog-Betrieb erforderliche Anzahl würde jedoch jedes handhabbare Maß übersteigen.

Damit die kompakt umrissene Anlageform nicht von vornherein desillusionierend zur Gänze im Blickfeld liegt, wird eine kastenförmige Überbauung vorgeschlagen. Darin wird nur ein begrenzter Ausschnitt zur Einsicht freigegeben. In die Seitenflächen des Drehteils werden Sichtöffnungen zu Tunnelabschnitten eingeschnitten gezeigt. Das Verfolgen der Zugfahrten soll so auf noch längere Dauer ermöglicht werden. Auch bei flottem Tempo kommt so allemal mehr als anderthalb Minuten beobachtbares Fahrvergnügen zustande.

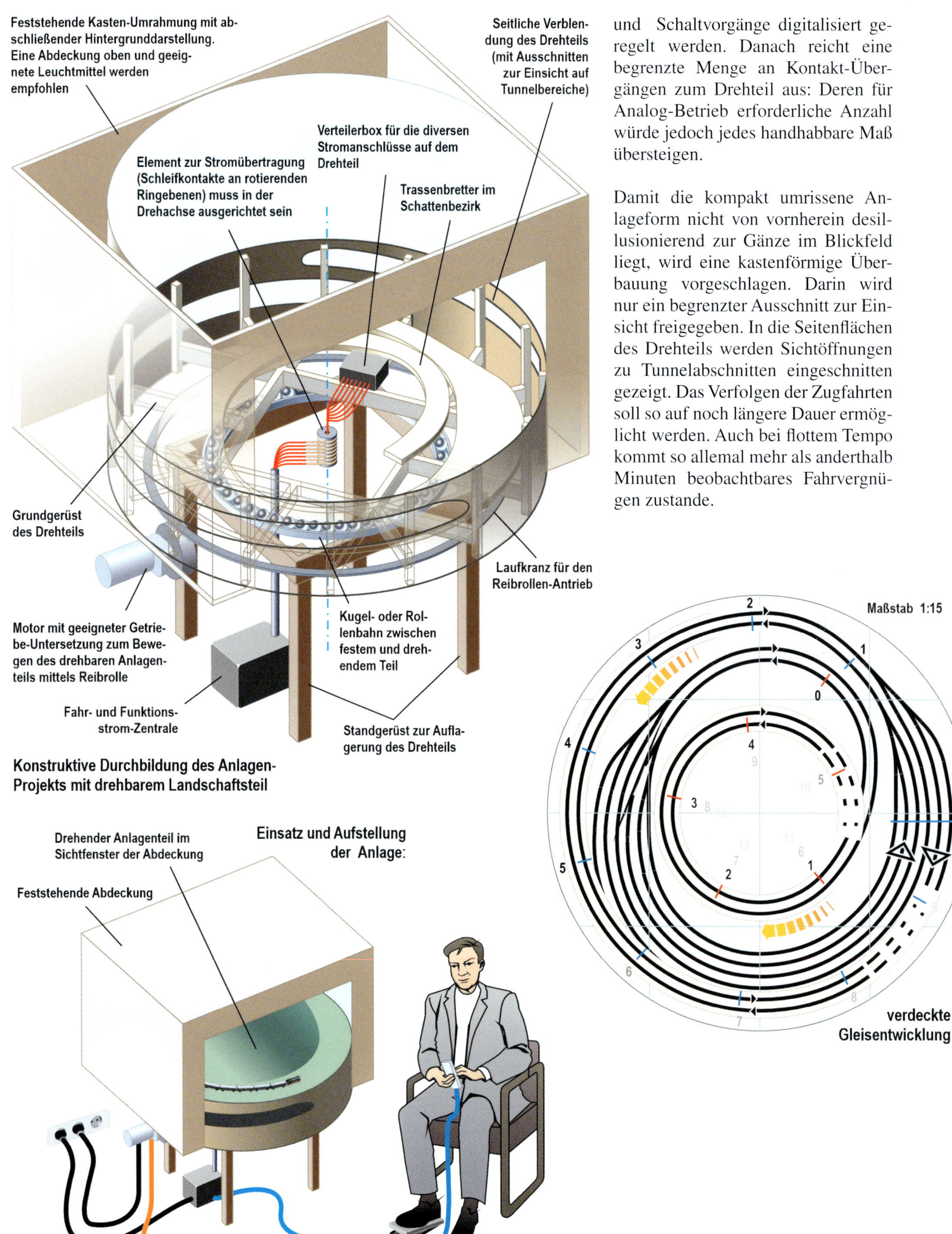

Konstruktive Durchbildung des Anlagen-Projekts mit drehbarem Landschaftsteil

Einsatz und Aufstellung der Anlage:

Seitliche Ansicht des drehbaren Landschaftteils. Gelbe strichpunktierte Linien geben die Lage des Schattenbahnhofniveaus und der inneren Gleiswendel an.

Die unterschiedlichen Niveaus des Streckenverlaufs werden durch Fahrzeugsymbole verdeutlicht.

Messe-Exponat

Anlagen, die in erster Linie vor Publikum gezeigt werden, müssen anderen Erfordernissen genügen, als sie sich für den privaten Gebrauch stellen. An erster Stelle steht: Es muss sich etwas bewegen, selbst wenn es auf stures Im-Kreis-Fahren beschränkt bleibt. Ein solches Schaustück will häufig an wechselnden Standorten vorgeführt werden. Für den häufigen Umzug ist eine einfache Zerlegbarkeit in transportable Elemente bei gleichzeitig stabiler Konstruktion gefragt. Während des Betriebs sollte die Einsicht in die Szenerie nicht von davor herumschwirrendem Personal verstellt werden. Dieses sollte aber über einen separaten Bereich dahinter verfügen können. Genannte Gesichtspunkte wollten berücksichtigt werden, als aus einer Runde heraus Interesse an einem entsprechenden Schaustück vorgetragen wurde, mit dem man auf Messen und vergleichbaren Veranstaltungen auftreten könnte.

In der angestrebten Konzeption gehörte denn auch – wenn auch abschnittsweise dem ständigen Einblick entzogen – eine kontinuierlich umlaufende Ringstrecke zur naturgemäßen Grundausstattung. Eine auf getrenntem Niveau darunter verkehrende Industrie-Anschlussbahn soll sodann für subtilere Betriebsmomente sorgen. Mutige Personen aus dem Publikum könnten sich vielleicht mittels eines zum Zuschauerbereich weisenden Bedienpults an der Lösung von Rangieraufgaben versuchen.

Zu den Seiten sorgen Blenden und ein nach oben abschließender Deckel für eine bühnenartige Einrahmung. Dort installierte Lampen sollen für genügende und effektvolle Ausleuchtung sorgen. Der zu Aufstell- und Bedienzwecken dienende rückwärtige

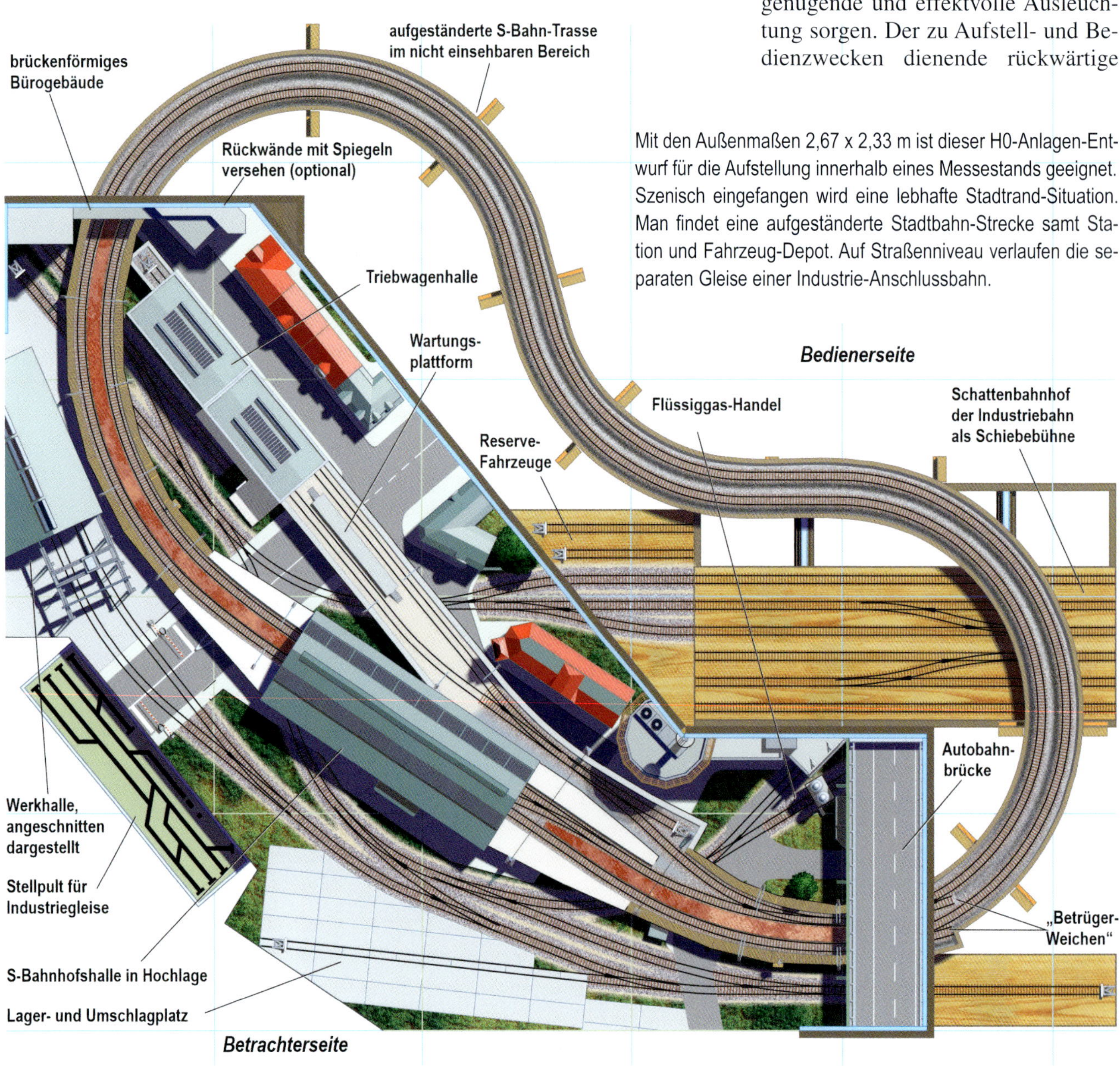

Mit den Außenmaßen 2,67 x 2,33 m ist dieser H0-Anlagen-Entwurf für die Aufstellung innerhalb eines Messestands geeignet. Szenisch eingefangen wird eine lebhafte Stadtrand-Situation. Man findet eine aufgeständerte Stadtbahn-Strecke samt Station und Fahrzeug-Depot. Auf Straßenniveau verlaufen die separaten Gleise einer Industrie-Anschlussbahn.

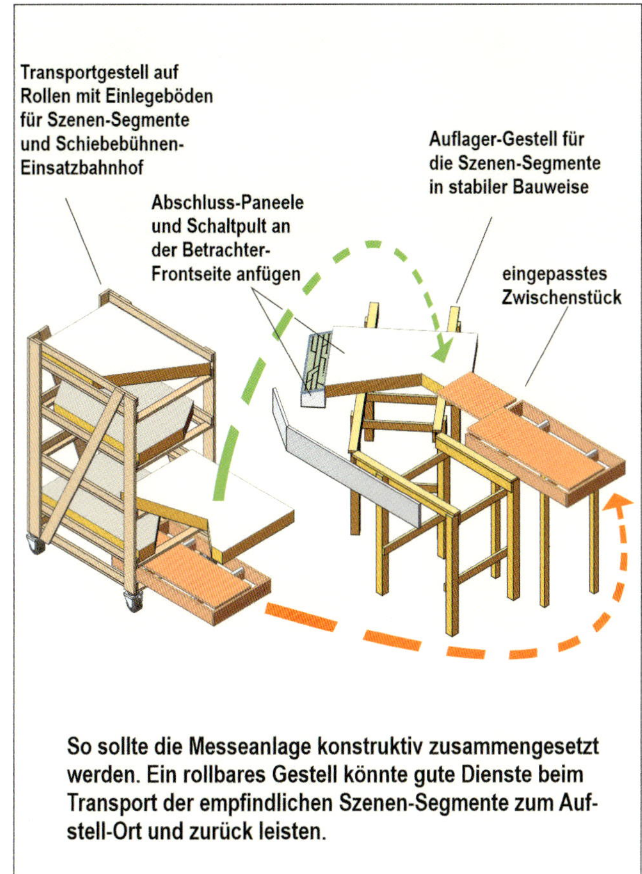

So sollte die Messeanlage konstruktiv zusammengesetzt werden. Ein rollbares Gestell könnte gute Dienste beim Transport der empfindlichen Szenen-Segmente zum Aufstell-Ort und zurück leisten.

Die Messeanlage während der Vorführung vor Publikum. Ein Schaltpult an der Vorderseite soll zur Betätigung durch ausgewählte Besucher einladen.

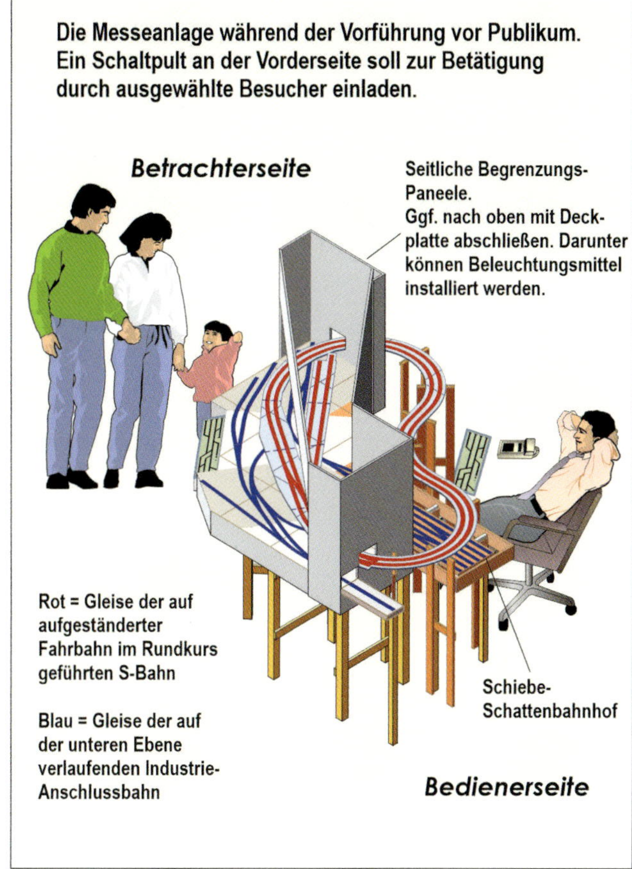

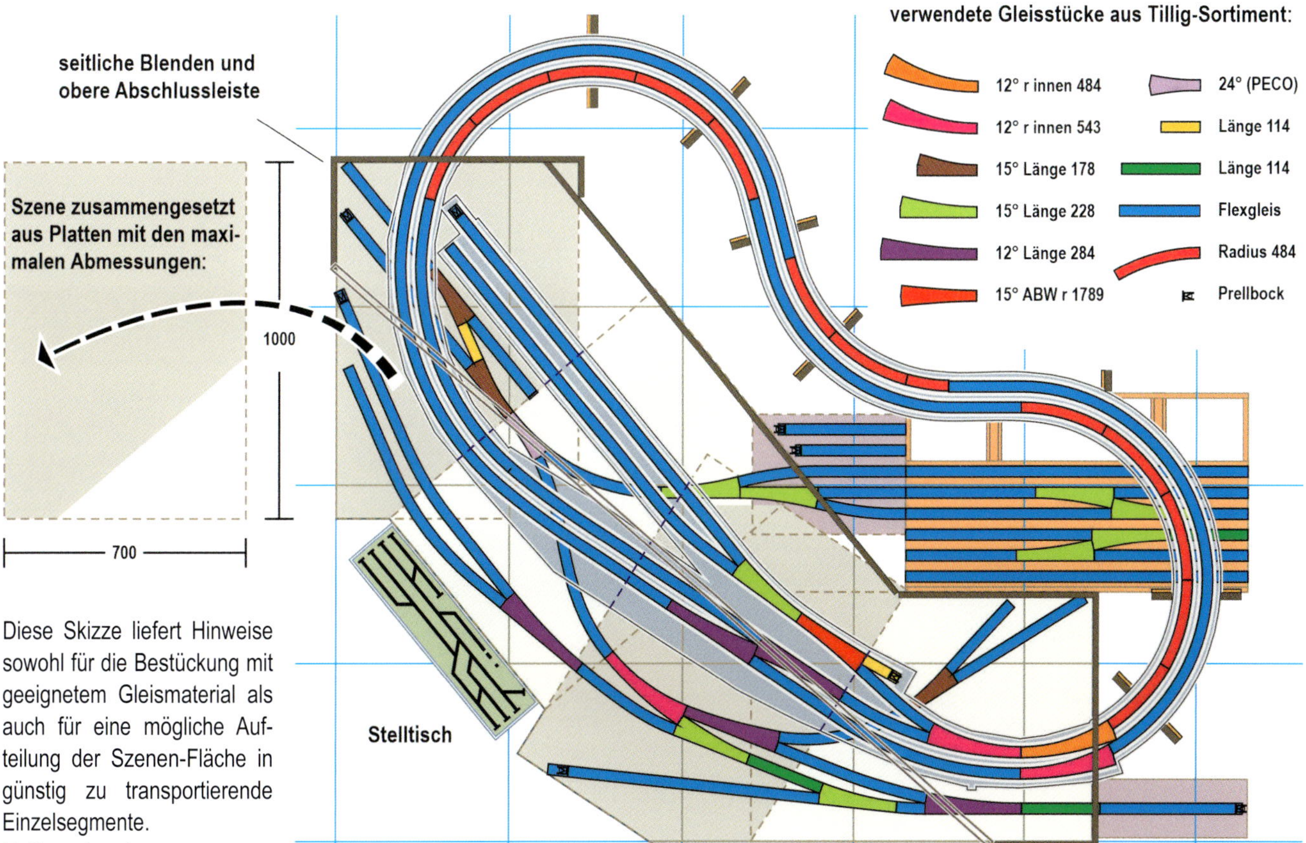

seitliche Blenden und obere Abschlussleiste

Szene zusammengesetzt aus Platten mit den maximalen Abmessungen:

1000

700

Stelltisch

verwendete Gleisstücke aus Tillig-Sortiment:

- 12° r innen 484
- 12° r innen 543
- 15° Länge 178
- 15° Länge 228
- 12° Länge 284
- 15° ABW r 1789
- 24° (PECO)
- Länge 114
- Länge 114
- Flexgleis
- Radius 484
- Prellbock

Diese Skizze liefert Hinweise sowohl für die Bestückung mit geeignetem Gleismaterial als auch für eine mögliche Aufteilung der Szenen-Fläche in günstig zu transportierende Einzelsegmente.
Maßangaben in mm

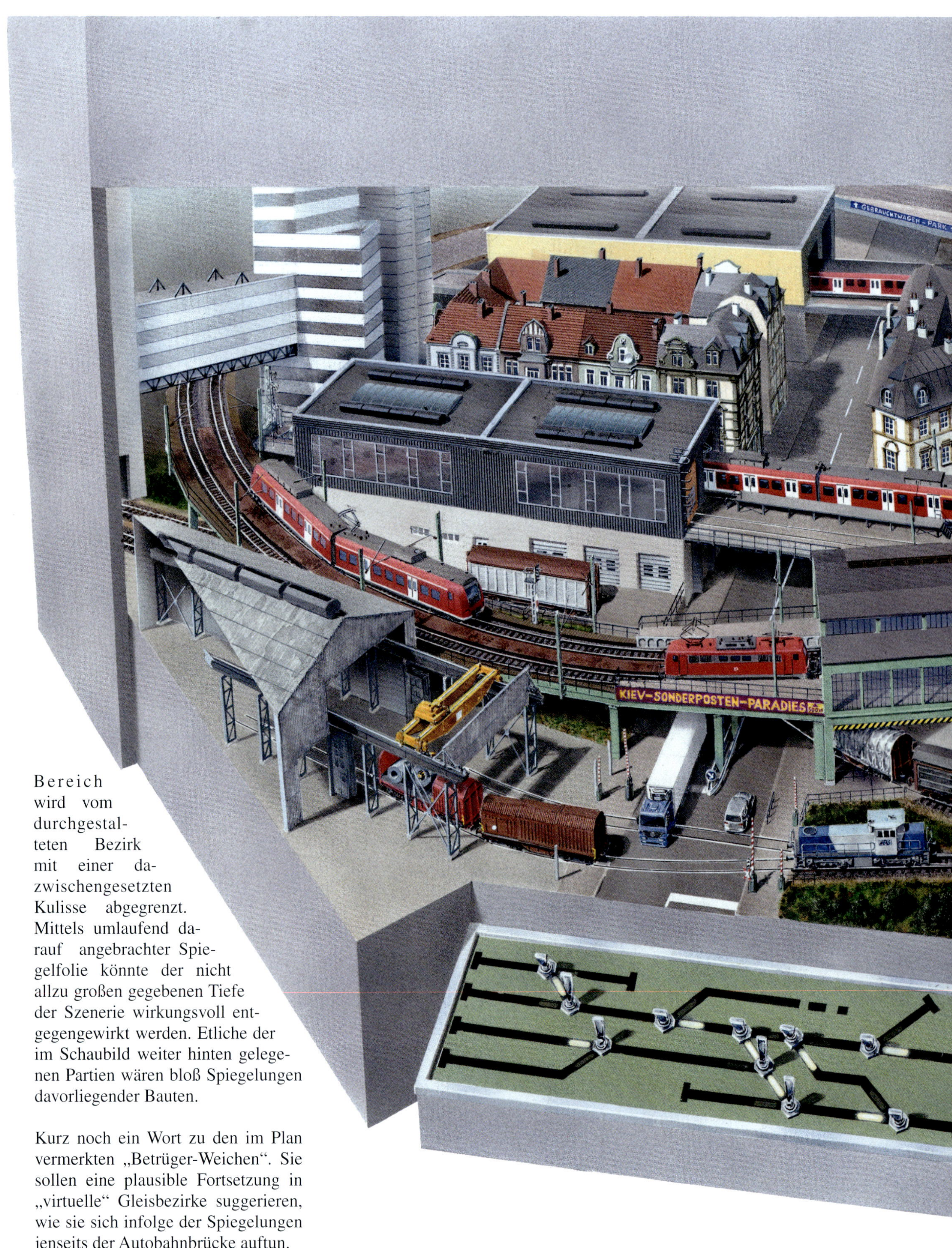

Bereich wird vom durchgestalteten Bezirk mit einer dazwischengesetzten Kulisse abgegrenzt. Mittels umlaufend darauf angebrachter Spiegelfolie könnte der nicht allzu großen gegebenen Tiefe der Szenerie wirkungsvoll entgegengewirkt werden. Etliche der im Schaubild weiter hinten gelegenen Partien wären bloß Spiegelungen davorliegender Bauten.

Kurz noch ein Wort zu den im Plan vermerkten „Betrüger-Weichen“. Sie sollen eine plausible Fortsetzung in „virtuelle“ Gleisbezirke suggerieren, wie sie sich infolge der Spiegelungen jenseits der Autobahnbrücke auftun.

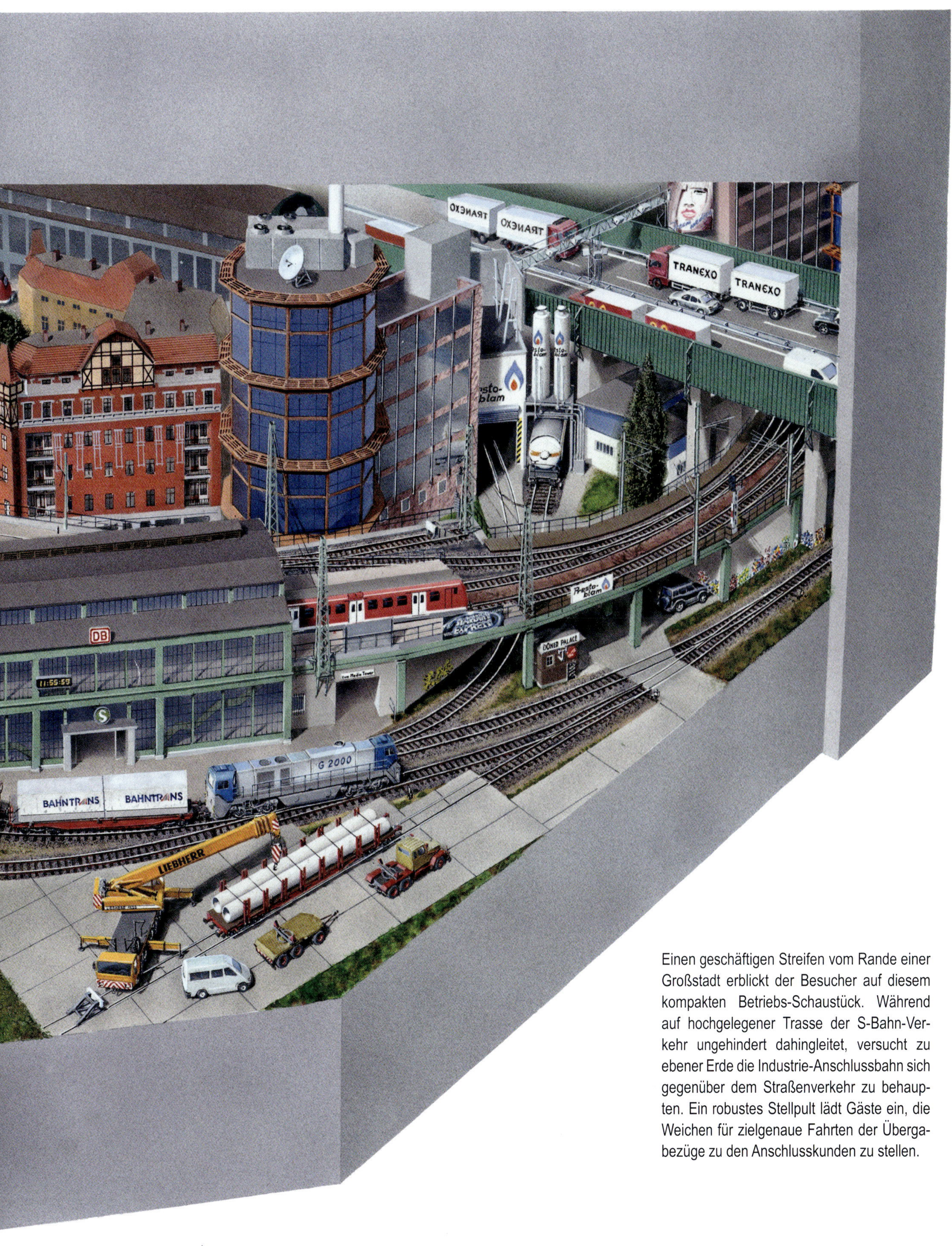

Einen geschäftigen Streifen vom Rande einer Großstadt erblickt der Besucher auf diesem kompakten Betriebs-Schaustück. Während auf hochgelegener Trasse der S-Bahn-Verkehr ungehindert dahingleitet, versucht zu ebener Erde die Industrie-Anschlussbahn sich gegenüber dem Straßenverkehr zu behaupten. Ein robustes Stellpult lädt Gäste ein, die Weichen für zielgenaue Fahrten der Übergabezüge zu den Anschlusskunden zu stellen.

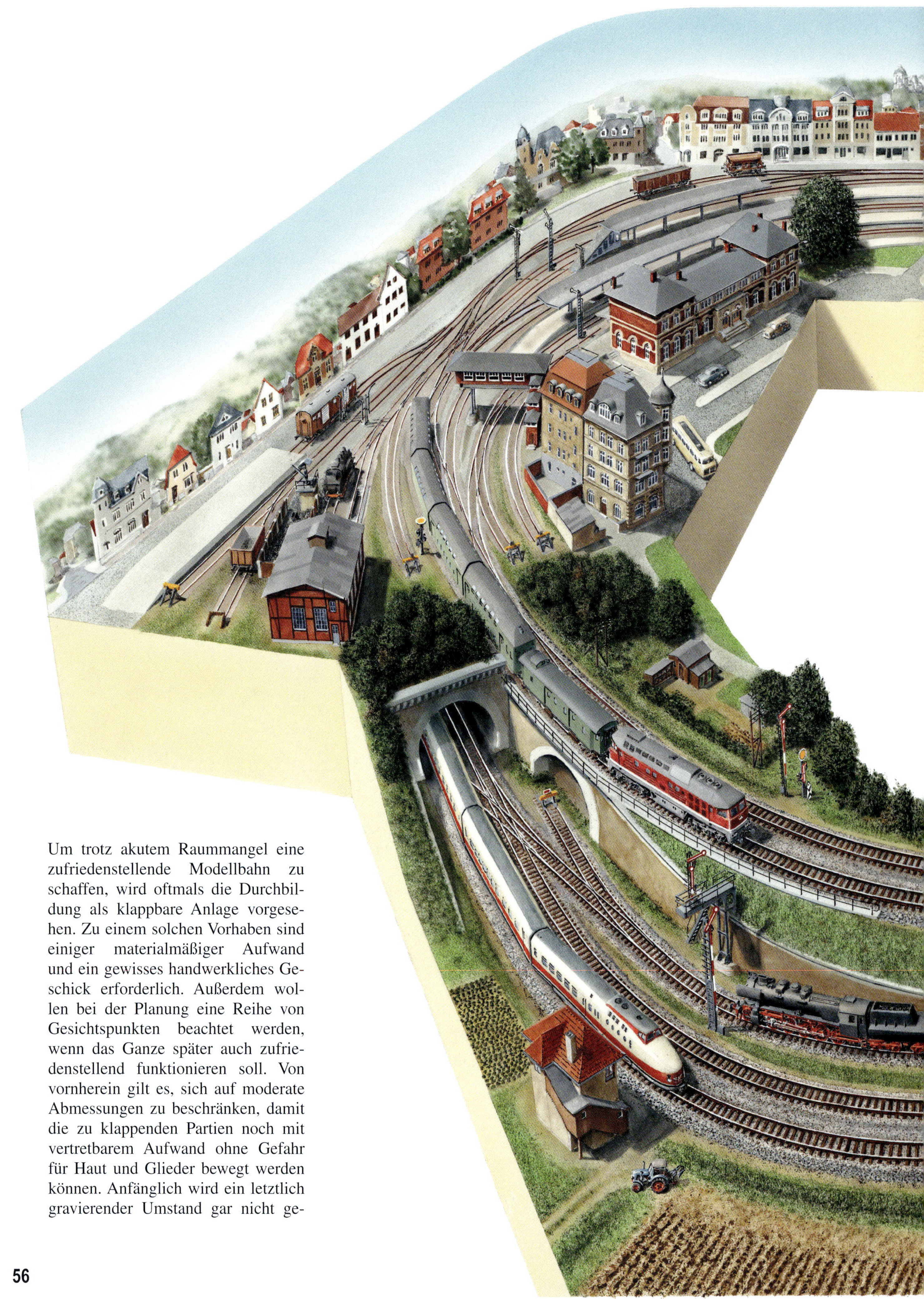

Um trotz akutem Raummangel eine zufriedenstellende Modellbahn zu schaffen, wird oftmals die Durchbildung als klappbare Anlage vorgesehen. Zu einem solchen Vorhaben sind einiger materialmäßiger Aufwand und ein gewisses handwerkliches Geschick erforderlich. Außerdem wollen bei der Planung eine Reihe von Gesichtspunkten beachtet werden, wenn das Ganze später auch zufriedenstellend funktionieren soll. Von vornherein gilt es, sich auf moderate Abmessungen zu beschränken, damit die zu klappenden Partien noch mit vertretbarem Aufwand ohne Gefahr für Haut und Glieder bewegt werden können. Anfänglich wird ein letztlich gravierender Umstand gar nicht ge-

TT-Klapp-anlage

Betriebsfertig entfaltet bietet sich die Anlage in ringförmiger Figur dar. Während die hinteren „feststehenden" Bereiche bevorzugt für die Durchbildung einer Station herangezogen werden können, bietet sich der vordere „Klappteil" günstig zur Darstellung freier Streckenabschnitte an. Güterzüge können hier mittels eines Überleitgleises die Runde abkürzen und den Hauptbahnhof umgehen.

nügend bedacht: Das Aufklappen der Anlage verlangt jedes Mal auch das komplette Abräumen allen rollenden und sonstigen nicht fest installierten Materials. Sobald der Fahrzeugpark einen gewissen Umfang aufweist, gerät das, genauso wie das spätere Wiederaufstellen, zu einem leidigen zeitraubenden Unterfangen.

Aus solcher Überlegung heraus ist dieser Entwurf entstanden, bei dem lediglich ein Teil klappbar ausgeführt ist. Zudem weist jener Bereich nur Strecken, aber keine der Fahrzeugabstellung dienende Gleise auf, und auch keine verdeckten Abschnitte. So kann wohl kein Fahrzeug übersehen werden, sobald das Gelände Schlagseite bekommt. Bei Nichtbetrieb findet sich alles rollende Material im feststehenden Bereich versammelt, sei es im sichtbaren Bahnhof oder auf den darunter liegenden Schattengleisen.

Im „entfalteten" Zustand bietet sich die Anlage als ringförmige Figur dar, wobei der Bediener seinen Standort im mittleren Ausschnitt findet. Aus dieser Perspektive heraus sollte der Verkehr auf den umlaufenden Strecken, trotz beschränkter Dimensionen, einen recht erfreulichen Anblick bieten. Die verschiedenen mit dem Raumangebot und der Materialwahl einhergehenden Beschränkungen legten die Ausführung im TT-Maßstab (1:120) nahe. Das gezeigte Prinzip ließe sich mit ähnlichen Abmessungen auch für eine größere Nenngröße anwenden, dann aber besser ohne zweite Ebene für Schattengleise.

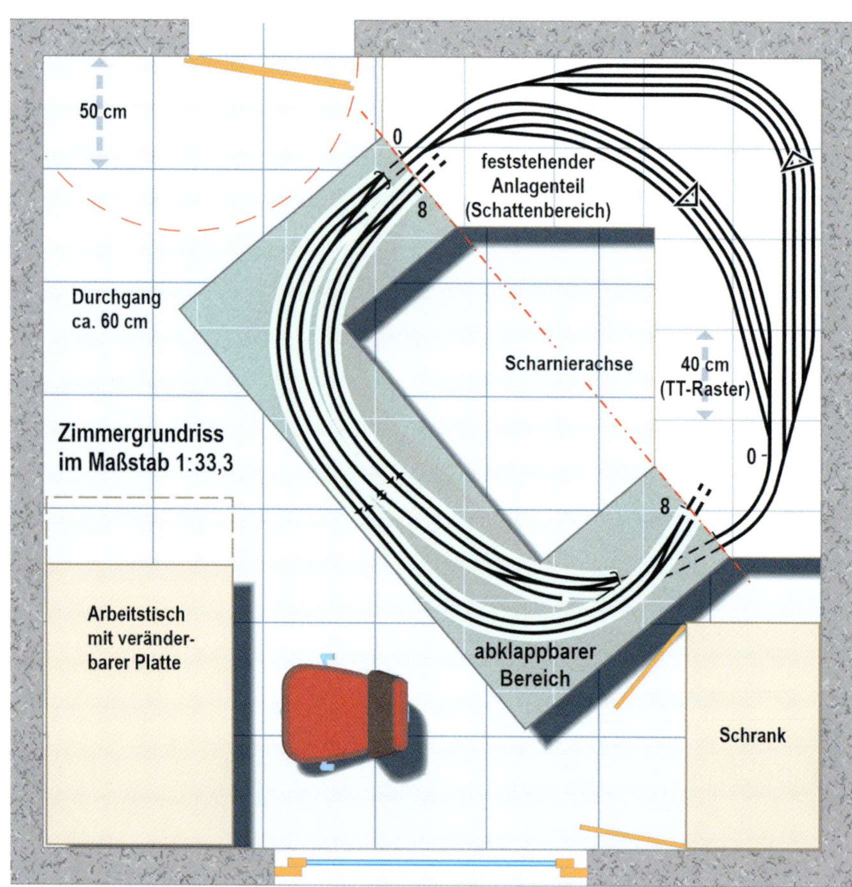

Der Klappanlagen-Vorschlag passt sich hier in einen Zimmergrundriss ein, wie er einem ähnlich durchaus häufig begegnet. Nach Hochklappen des grünen Teils wird gleich ein erheblicher Bereich begehbar und das Zimmer für andere Zwecke nutzbar. (Raster auf Fußboden 50 cm)

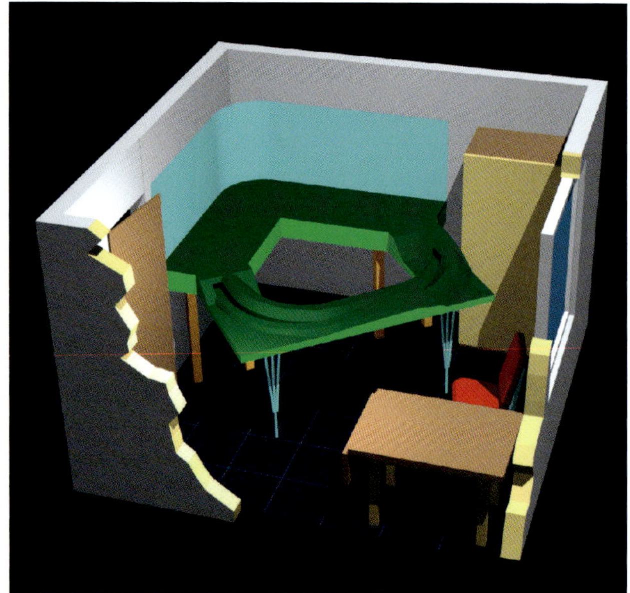
Zimmeransicht bei betriebsbereiter Anlage. Auch hier ist eine Begehbarkeit noch einigermaßen möglich. Es empfiehlt sich aber, am Arbeitstisch den dafür vorgesehenen Teil der Platte abzuklappen und den Stuhl beiseite zu rücken. Natürlich können jetzt die Schranktüren und der Fensterflügel nicht ohne Weiteres voll geöffnet werden.

Hier wurde der in den Raum ragende Anlagenteil hochgeklappt. Das Zimmer wird dadurch auf erheblich größerem Bereich frei begehbar. Am Arbeitstisch lässt sich ungehemmt werkeln. Der Schrank ist voll zugänglich und das Fenster lässt sich weit öffnen. Trotzdem bleibt im Bahnhofsbezirk immer noch der Zugriff zu den Fahrzeugen möglich

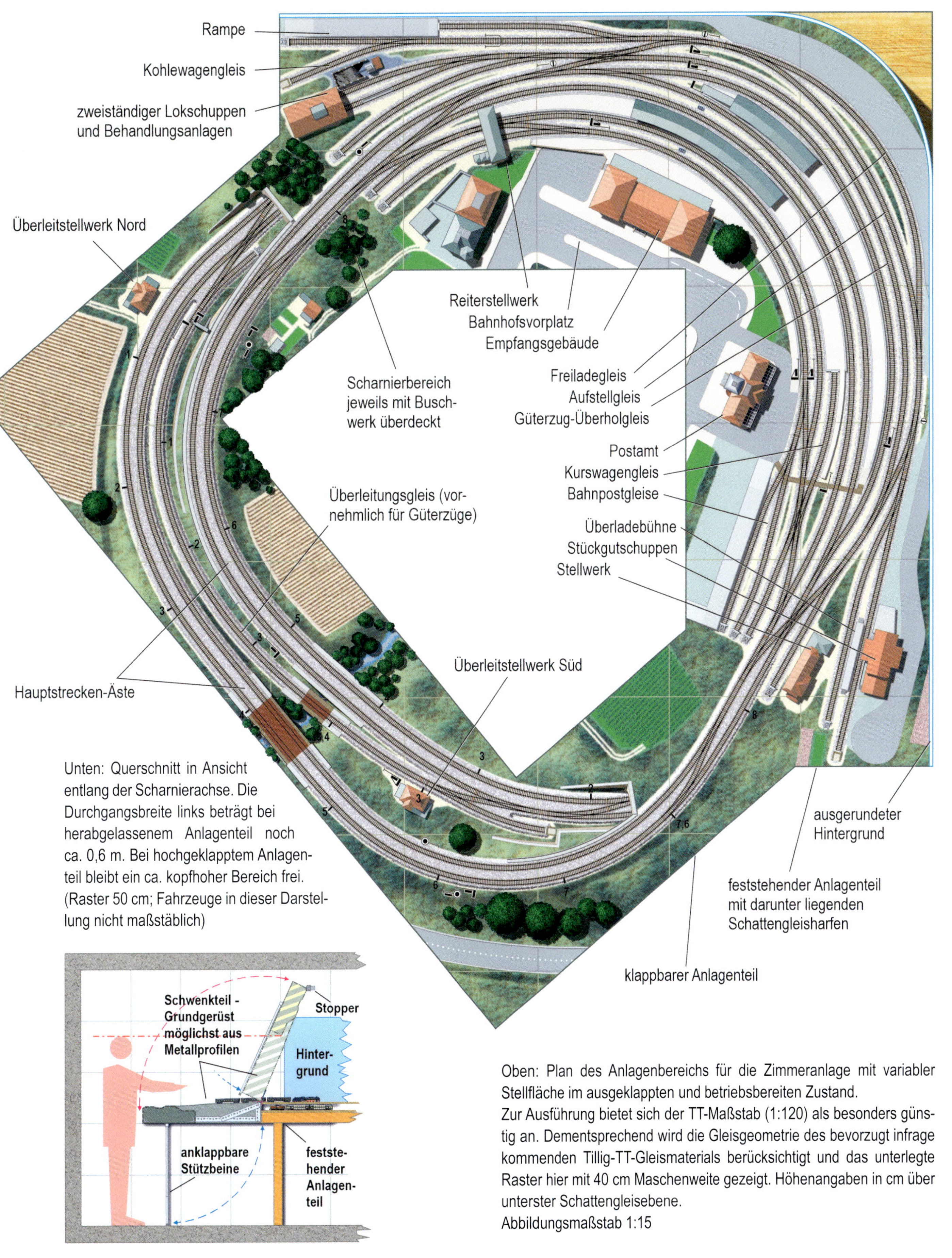

Unten: Querschnitt in Ansicht entlang der Scharnierachse. Die Durchgangsbreite links beträgt bei herabgelassenem Anlagenteil noch ca. 0,6 m. Bei hochgeklapptem Anlagenteil bleibt ein ca. kopfhoher Bereich frei. (Raster 50 cm; Fahrzeuge in dieser Darstellung nicht maßstäblich)

Oben: Plan des Anlagenbereichs für die Zimmeranlage mit variabler Stellfläche im ausgeklappten und betriebsbereiten Zustand.
Zur Ausführung bietet sich der TT-Maßstab (1:120) als besonders günstig an. Dementsprechend wird die Gleisgeometrie des bevorzugt infrage kommenden Tillig-TT-Gleismaterials berücksichtigt und das unterlegte Raster hier mit 40 cm Maschenweite gezeigt. Höhenangaben in cm über unterster Schattengleisebene.
Abbildungsmaßstab 1:15

Doppel-decker

So groß ein Zimmer zum Aufbau einer Modellbahn auch sein mag, oft genug wünscht man sich noch immer ein Mehr an verfügbarer Fläche. Die umgebenden Wände stehen zumeist nun mal unverrückbar fest. Wie ließe sich trotzdem ein größeres Maß an bebaubarem Grund finden? Nun, eine durchaus öfters angewandte Methode bietet sich mit der Staffelung übereinander angeordneter szenischer Schau-Ebenen. Für die Anordnung einer separaten Schatten-Ebene unterhalb des gestalteten Areals ist dieses Verfahren ja ohnehin längst weithin akzeptierte Praxis!

Nun wollen zur erfolgversprechenden Fertigung einer doppel- oder gar mehrstöckigen Anlage einige Voraussetzungen erfüllt sein, wie sie sich bei einer „normalen" Ein-Deck-Anlage nicht in gleicher Dringlichkeit einstellen. Das betrifft beispielsweise die stabile Durchbildung insbesondere der oberen Rahmen, die freitragend, oder zumindest mit nur wenigen Stützen, über dem unteren Deck auskragen. Schon aus diesem Grund muss die Szenentiefe (sprich: Abstand von der Vorderkante zur hinteren Wand) auf ein konstruktiv vertretbares Maß beschränkt werden. Ein ebenso beachtenswertes Grenzmaß wird von der beschränkten Eingriffstiefe im Unterdeck gesetzt. Ohne dass der Arm bereits vollständig ausgestreckt wird, stößt man nämlich alsbald mit dem Kopf an das darüberliegende Deck.

Unweigerlich fressen Wendel und verdeckte Verbindungsstrecken zwischen den Ebenen einiges von der verfügbaren Fläche zur szenischen Durchbildung. Deutliche Abstriche vom Brutto-Raumangebot müssen mit der Schaffung angemessen dimensionier-

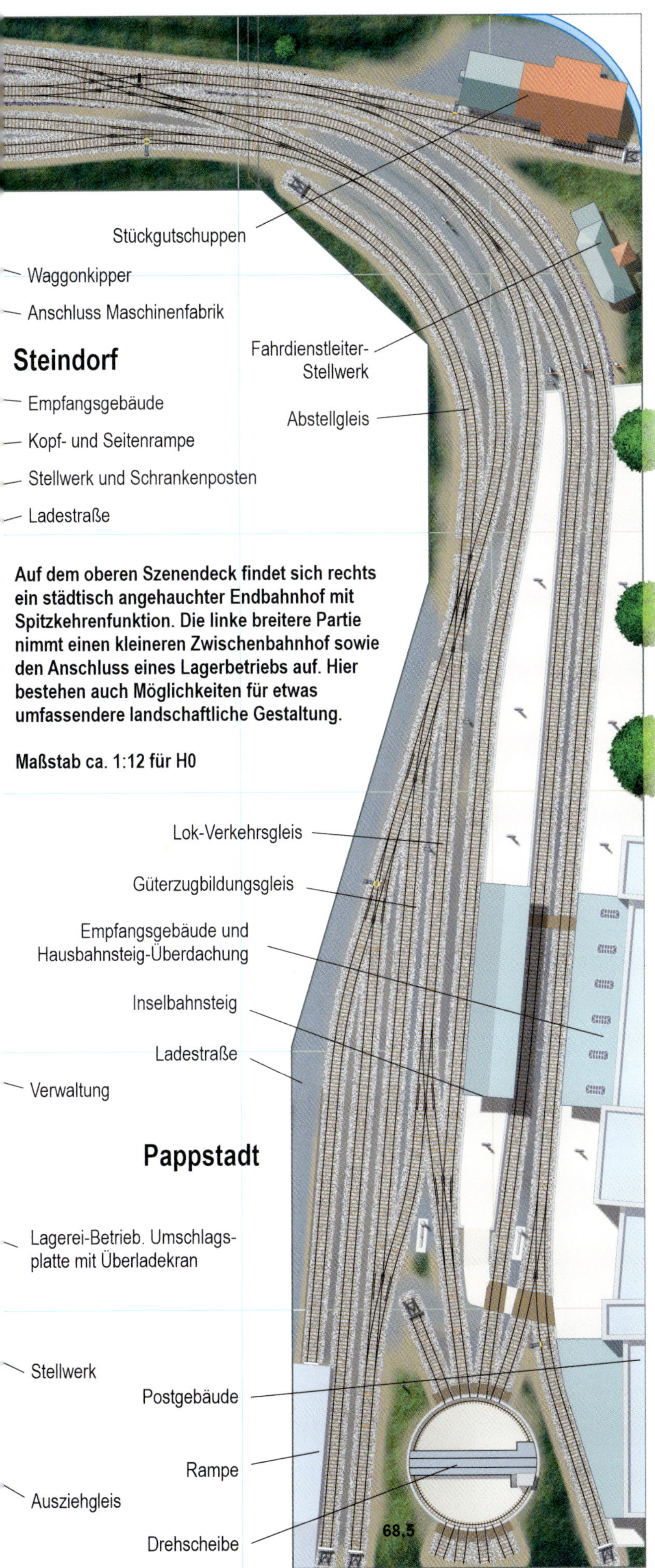

Auf dem oberen Szenendeck findet sich rechts ein städtisch angehauchter Endbahnhof mit Spitzkehrenfunktion. Die linke breitere Partie nimmt einen kleineren Zwischenbahnhof sowie den Anschluss eines Lagerbetriebs auf. Hier bestehen auch Möglichkeiten für etwas umfassendere landschaftliche Gestaltung.

Maßstab ca. 1:12 für H0

ter Bediener-Freiräume hingenommen werden. Während Wartungsgänge bei „einfacher" Zimmeranlage mitunter bis hinab zu (allerdings nicht wirklich empfehlenswerten) 40 cm vorgesehen werden können, sollte bei Mehrdeck-Anlagen kein Durchgang weniger als 80 cm Breite aufweisen. Der Abstand ist schon notwendig, um sich mit einem günstigerweise mit Rollen versehenen Sitzmöbel durchbewegen zu können. Denn das untere Deck will aus sitzender Position heraus beaufsichtigt und betrachtet werden. Darüber hinaus sollte mindestens noch eine größere Aufweitung des Innenbereichs vorgesehen werden, um auch einmal raumgreifendere Bewegungen ohne Anecken und Verbiegungen machen zu können. Solche Gangverbreiterung wird hier in den Plänen als „Cockpit" bezeichnet.

All das erfordert von vornherein ein gewisses Mindest-Raumangebot. Auch wenn ein kleinerer Modellbau-Maßstab gewählt wird, also TT, N, oder Z, kann der Grundflächen-Bedarf nicht gleich nennenswert geringer angesetzt werden. Die Freiräume dürfen ja nicht auf ein beliebiges Maß reduziert werden, da der Bediener ja nicht mitschrumpfen kann.

Für den hier aufgezeigten Planungsfall stellte sich die Frage, wie groß – besser klein – ein Modellbahn-Zimmer denn bemessen sein dürfe, um darin noch ein sinnvolles Anlagenkonzept in der Baugröße H0 aufziehen zu können. Nach Abwägen der vorgenannten Bedingungen und Gesichtspunkte erschien die Ausführung in den gezeigten Maßen als gerade noch vertretbar und „handhabbar". Jegliche Abstriche würden wohl zu eklatanten Einbußen im betrieblichen und szenischen Angebot führen, wonach der für einen doppelstöckigen Aufbau zu treffende Aufwand nur noch schwerlich zu rechtfertigen wäre.

Das dank der Mehrdeck-Konfiguration schließlich gewonnene Modellareal erlaubt trotz bescheidener Zimmermaße die Darstellung von immerhin drei Stationen, einer befriedigenden Streckenentwicklung, etwas Industrie und bietet auch noch Raum für einen hinreichenden verdeckten Zugspeicher.

Allerdings gestaltete sich die machbare Streckenführung nicht gerade so, wie sie „Gelegenheits-Modellbahner" bevorzugen würden. Eine Fahrt über die komplette Streckenfigur läuft gleich viermal auf einen Prellbock zu. Dort ist dann ein Wechsel der Fahrtrichtung vonnöten, was in den meisten Fällen auch das Umsetzen der Zuglok erfordert.

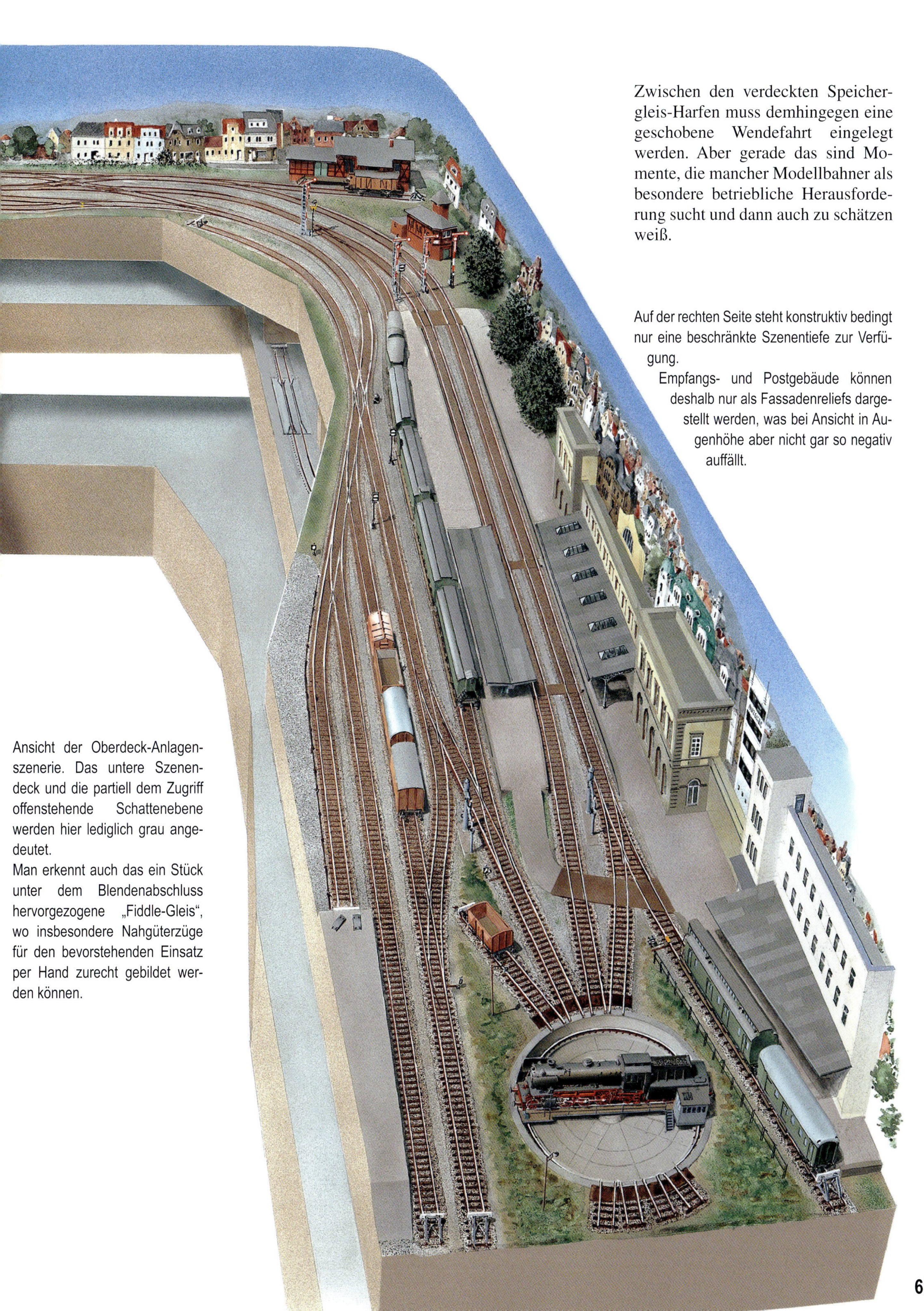

Zwischen den verdeckten Speichergleis-Harfen muss demhingegen eine geschobene Wendefahrt eingelegt werden. Aber gerade das sind Momente, die mancher Modellbahner als besondere betriebliche Herausforderung sucht und dann auch zu schätzen weiß.

Auf der rechten Seite steht konstruktiv bedingt nur eine beschränkte Szenentiefe zur Verfügung.
Empfangs- und Postgebäude können deshalb nur als Fassadenreliefs dargestellt werden, was bei Ansicht in Augenhöhe aber nicht gar so negativ auffällt.

Ansicht der Oberdeck-Anlagenszenerie. Das untere Szenendeck und die partiell dem Zugriff offenstehende Schattenebene werden hier lediglich grau angedeutet.
Man erkennt auch das ein Stück unter dem Blendenabschluss hervorgezogene „Fiddle-Gleis“, wo insbesondere Nahgüterzüge für den bevorstehenden Einsatz per Hand zurecht gebildet werden können.

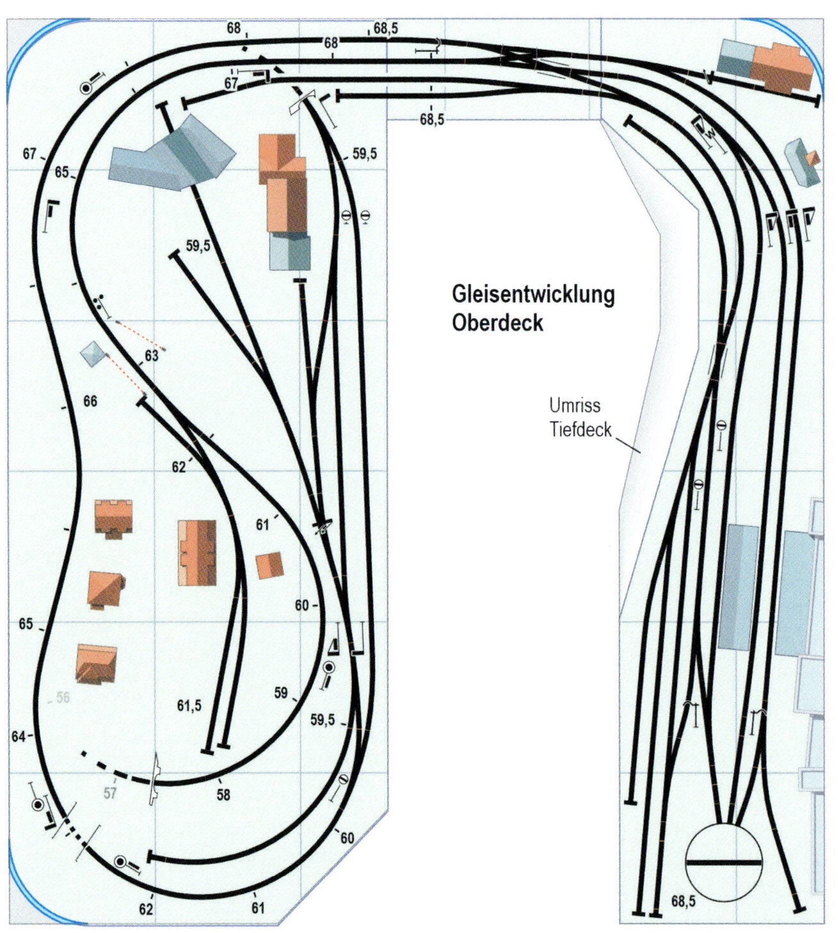

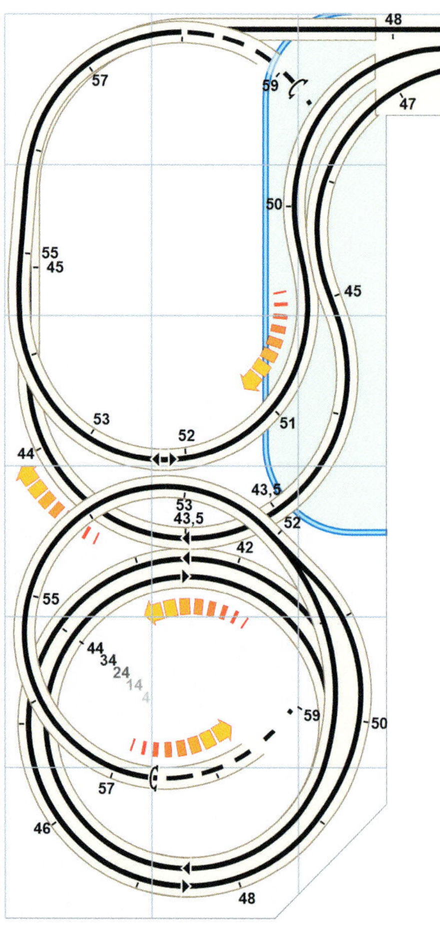

Unten: schematisch entrolltes Streckenband. Das Konzept lässt sich als eingleisige Stichstrecke vom Schattenbahnhof über einen bereits städtisch wirkenden Spitzkehrenbahnhof bis zu einer ebenfalls nicht ganz unbedeutenden Endstation deuten.

Die Ausbildung des Schattenbezirks (blaue Gleislinien) erfordert das Wenden eingefahrener Züge über das Kehrgleis in Schiebefahrt. Gut zugängliche Zugbildungsgleise erleichtern Zusammenstellung von Zuggarnituren per Hand.

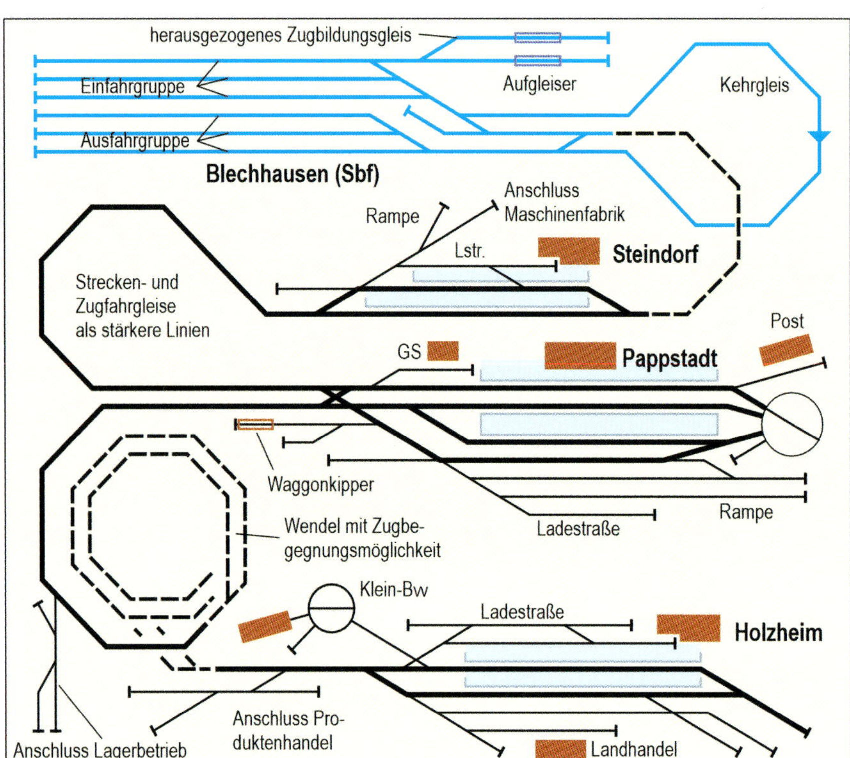

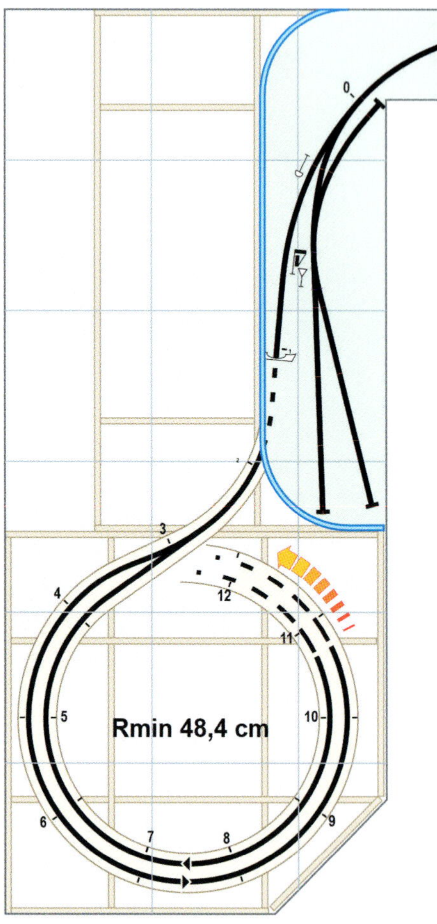

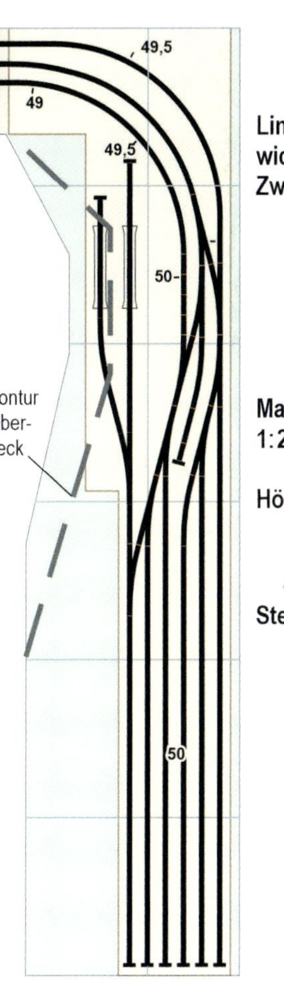

Links: Gleisentwicklung im Zwischendeck

Maßstab jeweils 1:25

Höhenwerte in cm

Steigungsrichtung

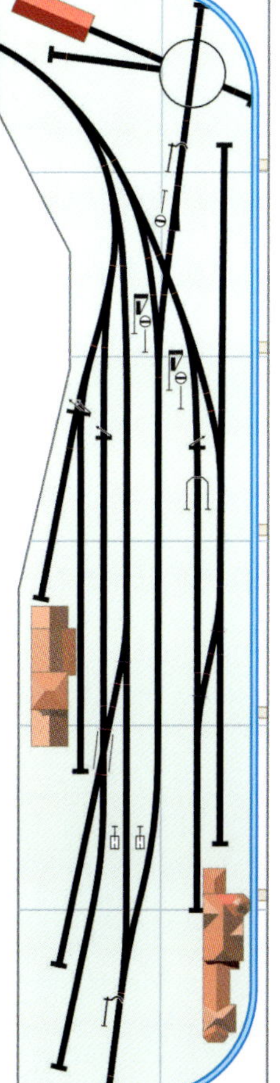

Gleisentwicklung im Tiefdeck

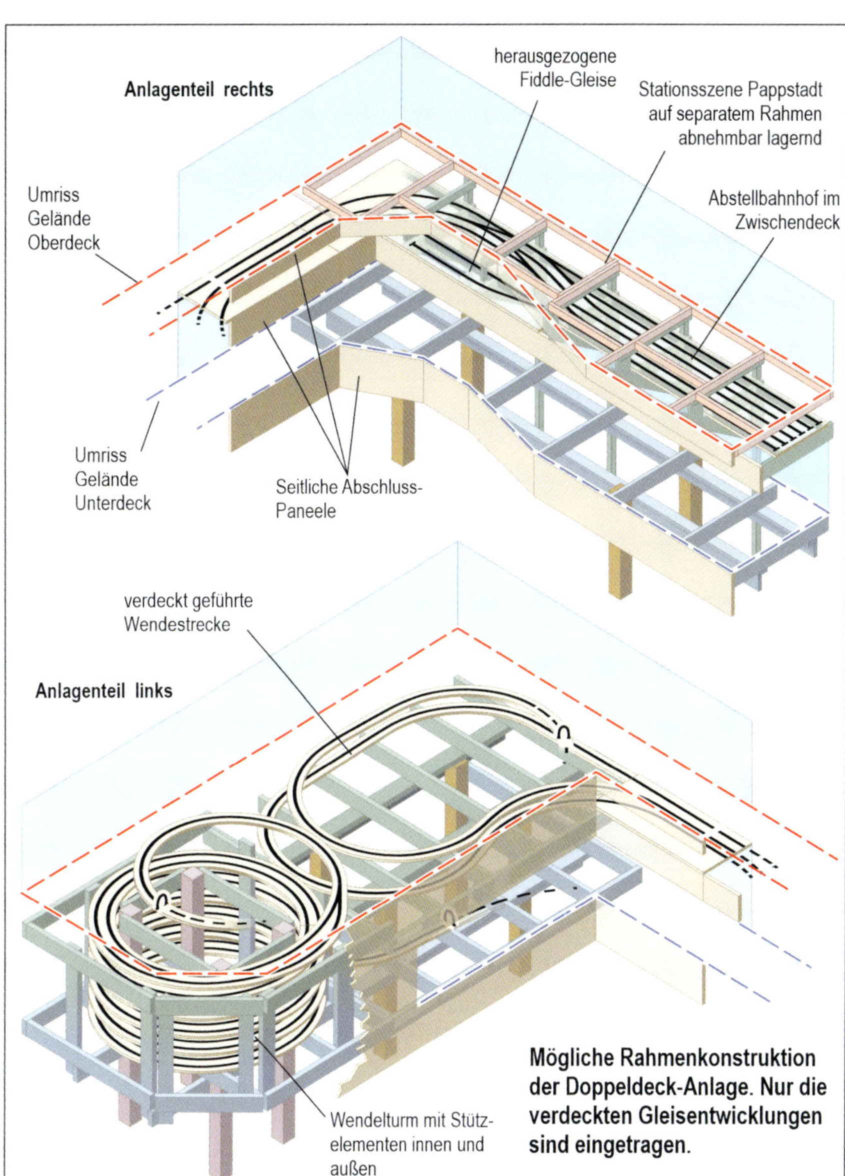

Mögliche Rahmenkonstruktion der Doppeldeck-Anlage. Nur die verdeckten Gleisentwicklungen sind eingetragen.

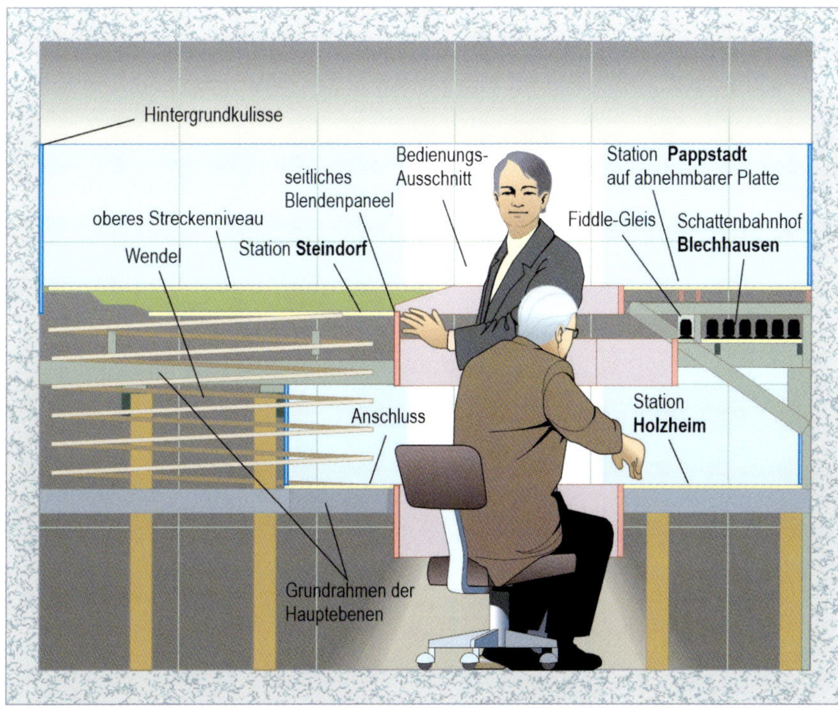

Rechts: Schnitt durch die Anlagen-Installation. Blickrichtung vom Zimmereingang her. Eine Bedienung durch mehrere Personen ist durchaus angebracht.

Raster mit 50 cm Linienabstand

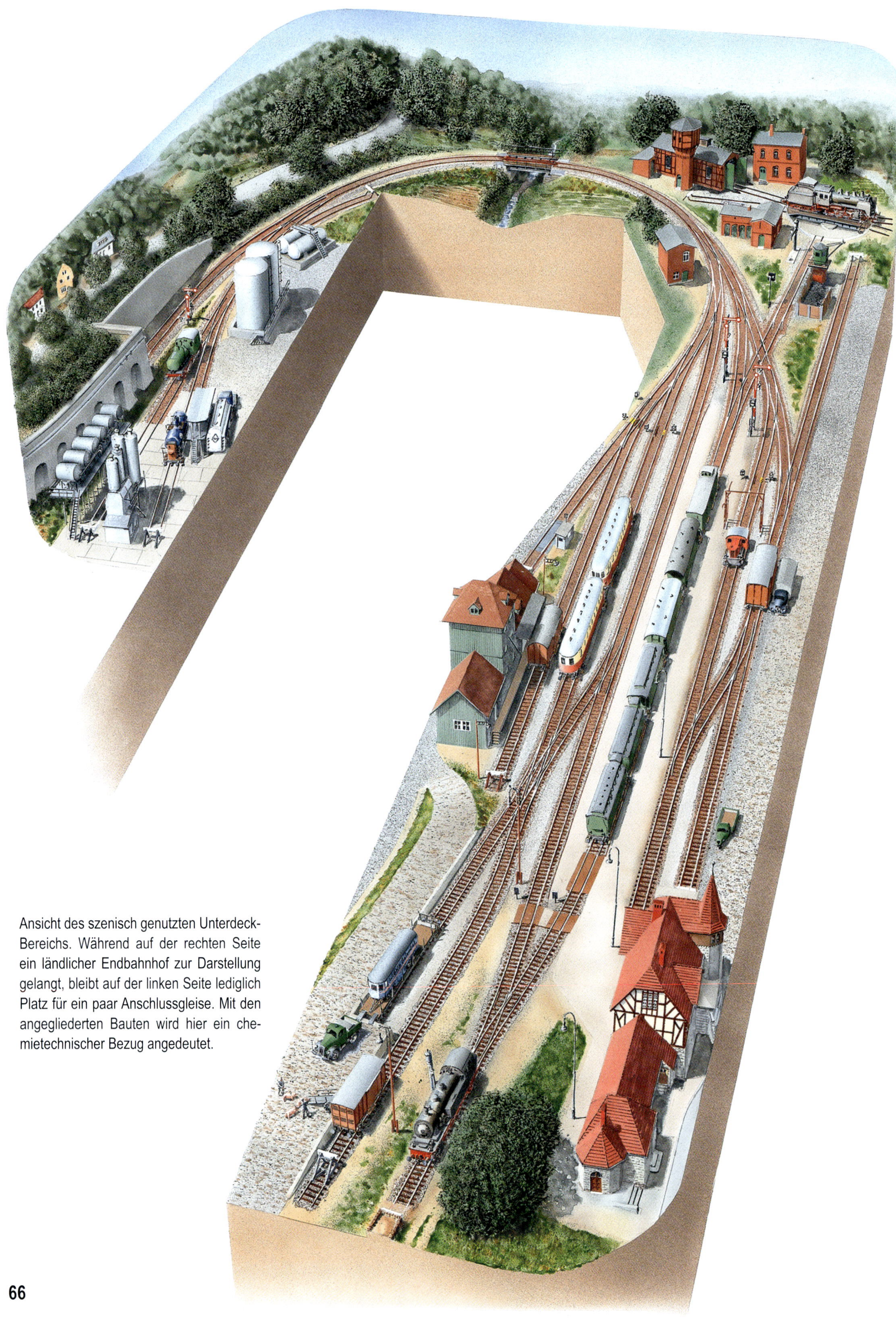

Ansicht des szenisch genutzten Unterdeck-Bereichs. Während auf der rechten Seite ein ländlicher Endbahnhof zur Darstellung gelangt, bleibt auf der linken Seite lediglich Platz für ein paar Anschlussgleise. Mit den angegliederten Bauten wird hier ein chemietechnischer Bezug angedeutet.

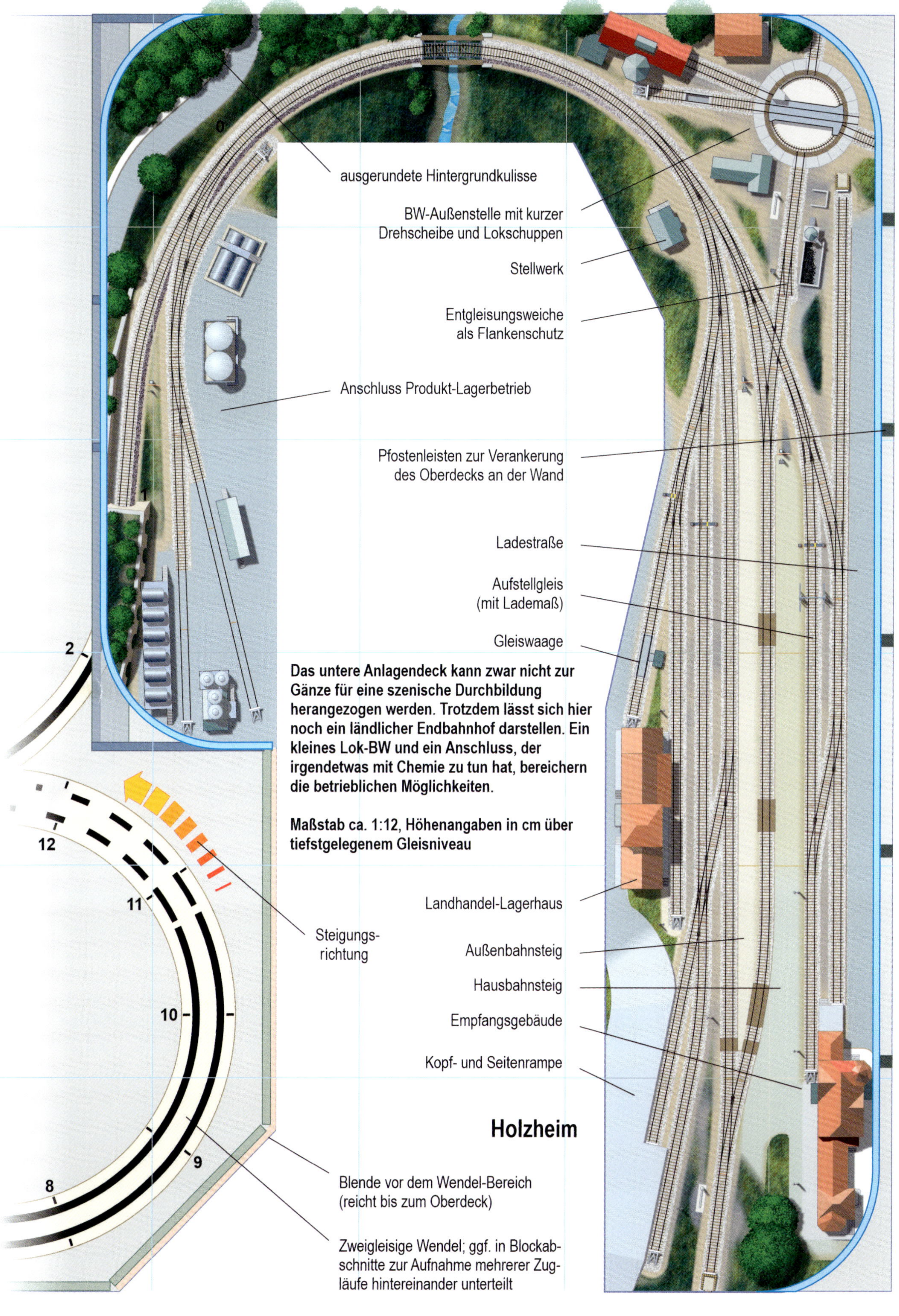

Das untere Anlagendeck kann zwar nicht zur Gänze für eine szenische Durchbildung herangezogen werden. Trotzdem lässt sich hier noch ein ländlicher Endbahnhof darstellen. Ein kleines Lok-BW und ein Anschluss, der irgendetwas mit Chemie zu tun hat, bereichern die betrieblichen Möglichkeiten.

Maßstab ca. 1:12, Höhenangaben in cm über tiefstgelegenem Gleisniveau

Quakenbrück – Bahnhof Friedrichstraße

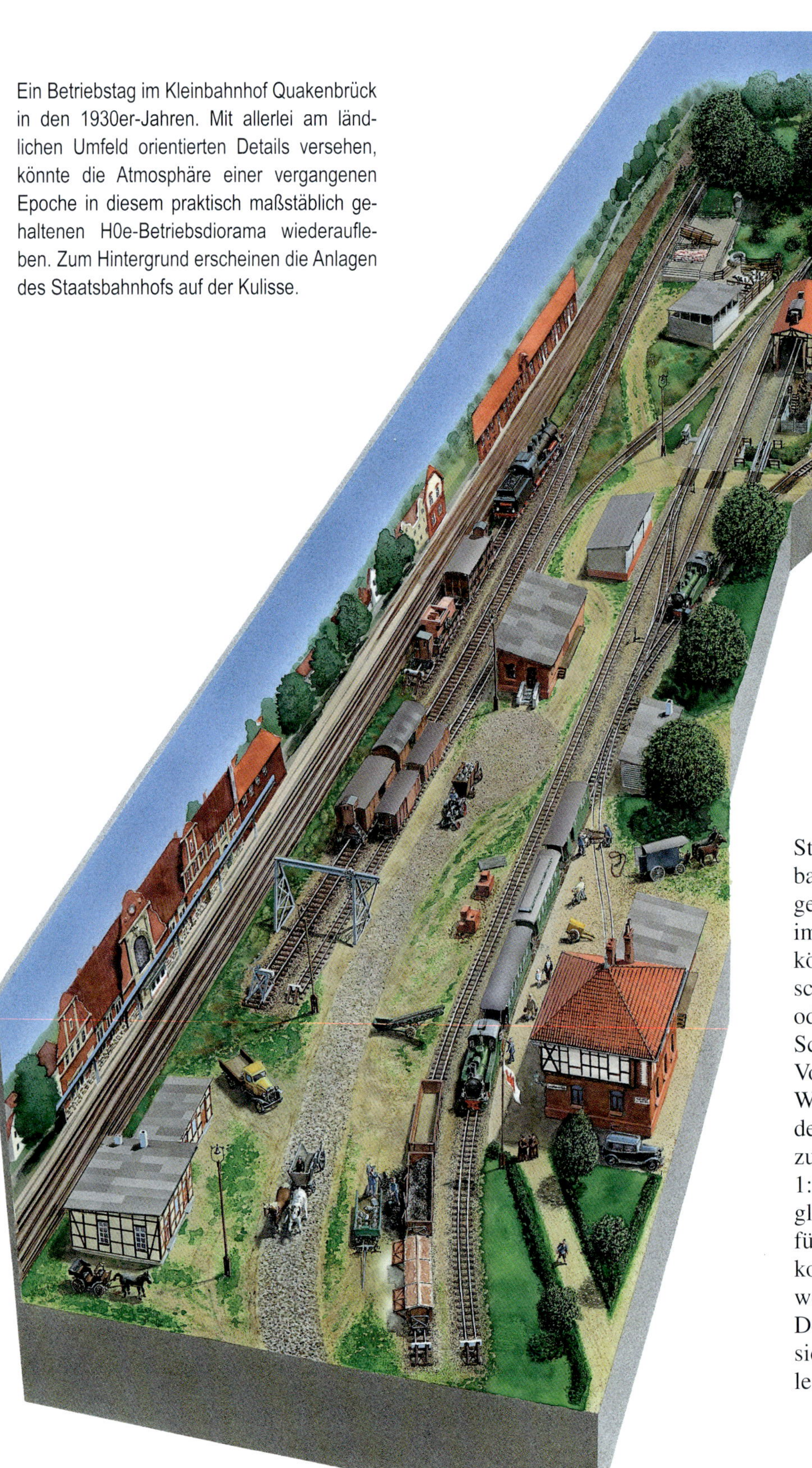

Ein Betriebstag im Kleinbahnhof Quakenbrück in den 1930er-Jahren. Mit allerlei am ländlichen Umfeld orientierten Details versehen, könnte die Atmosphäre einer vergangenen Epoche in diesem praktisch maßstäblich gehaltenen H0e-Betriebsdiorama wiederaufleben. Zum Hintergrund erscheinen die Anlagen des Staatsbahnhofs auf der Kulisse.

Stationen bei schmalspurigen Kleinbahnen stellen sich mitunter handlich genug dar, um völlig maßstabsgetreu im Modell nachgestellt werden zu können. Bei „Regelspur-Themen" ist schließlich in fast jedem Fall mehr oder minder kräftiges Stauchen und Schrumpfen vonnöten, damit eine Vorbildsituation noch in übliche Wohnraum-Freiräume gepasst werden kann. Das gilt selbst bis hinab zum ausgesprochenen Mini-Maßstab 1:220, Baugröße Z. Hier allerdings glückt es bereits im Baumaßstab 1:87 für 750 mm Vorbild-Spurweite einen kompletten Bahnhof ohne nennenswerte Verfälschung nachzustellen. Der durchgestaltete Teil präsentiert sich dabei als eine Art Diorama mit lediglich 3,30 m größter Länge.

Um dieses Schaustück betrieblich zum Leben zu erwecken, bedarf es noch geeigneter Ergänzungen mit H0e-Gleisen. Hier wird eine Möglichkeit zur Einpassung in einen schmalen Stellraum im Keller aufgezeigt, wobei sich mit roh belassenen Streckenteilen begnügt wird. Auf dem szenisch durchgestalteten Teil finden sich auch ein paar Regelspur-Gleise, welche dem Übergang zur Staatsbahn dienen, wie sie als Hintergrund-Darstellung angedeutet wird. Dabei muss sich jedoch auf lediglich symbolisch zu vollführende Wagen-Umstellungen beschränkt werden.

Als Vorbild fungiert die Anbindung der Kleinbahn Lingen–Berge–Quakenbrück beim namensgebenden Endpunkt an die einstig Oldenburgische Staatsbahn-Strecke, wie sie bis ins Jahr 1952 bestand. Das Empfangsgebäude der KLBQ hat in leicht veränderter Form bis heute überdauert und wird hier mit zur Betriebszeit maßgebenden Fassadenansichten wiedergegeben.

Wer die Gleisführung innerhalb der Schmalspur-Station näher studiert, wird alsbald feststellen, dass sich nahezu jegliche Fahrzeugbewegung reichlich kompliziert gestaltet haben muss. Damit sich zwei Züge begegnen und ihre Loks umsetzen können, ist eine Fülle aufwendiger Manöver vonnöten; ebenso dürfte kaum eine Bedienung der verschiedenen Ladestellen ohne aufwendiges „Sägen“ vonstatten gehen. Im Anspruch gleicht das in etwa dem, was dermaleinst beim sogenannten „timesaver“ verlangt war, wie er von der Modellbahner-Legende John Allen erfunden wurde (siehe umseitig).

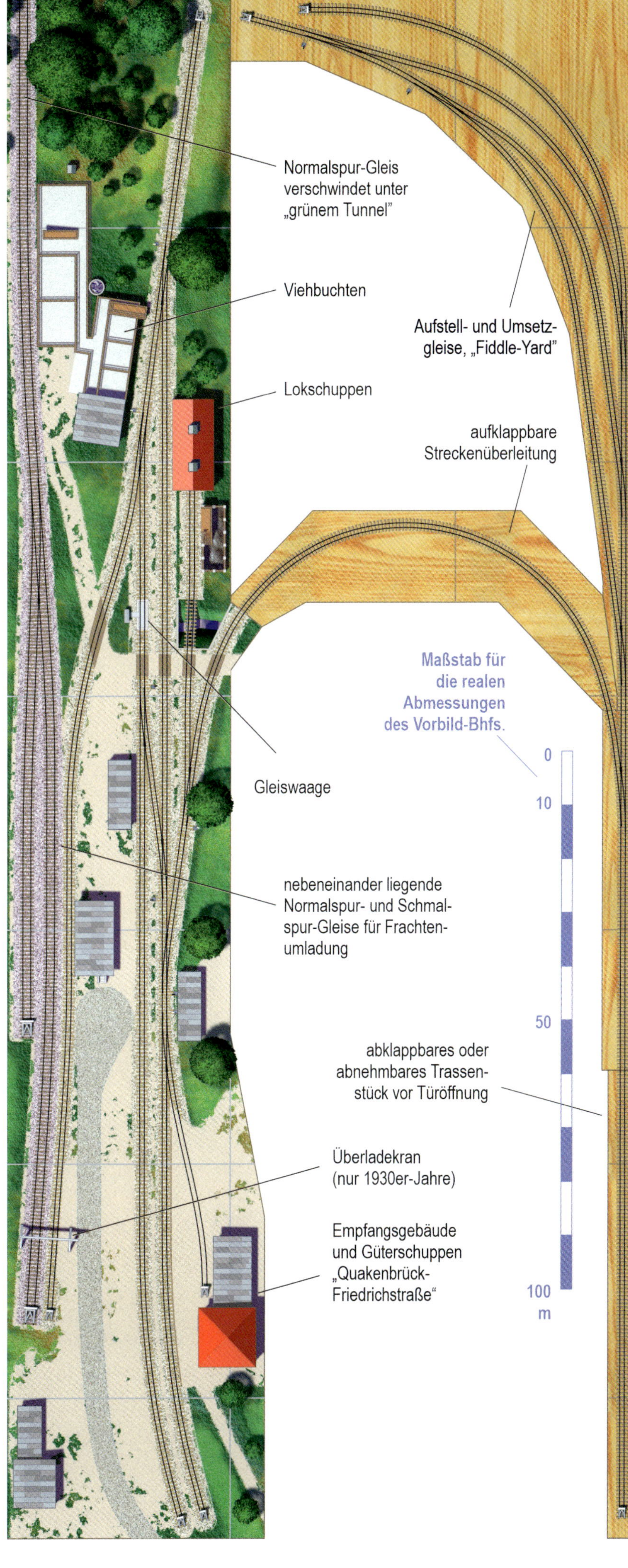

Anlagenplan zum Thema Quakenbrück-Kleinbahnhof für H0e in einem Kellerverschlag mit 3,30 mal 1,40 m Grundfläche (Maßstab 1:12). Rasternetz 50 cm

Anleihe beim „Timesaver"

Maßstab 1:12,5
Peco-Streamline
H0-Gleismaterial

hier rot hervorgehobene Positionen könnten als denkbare Anlaufpunkte für zuzustellende Wagen ausgewiesen sein. Zwischen fünf und acht Fahrtziele pro Timesaver bieten günstige Aufgabenstellungen

Entkupplerrampen

blau: Aufstellkapazität des Gleisabschnitts mit frei zu umfahrenden Wagen (orientiert an amerikanischen 40-Fuß-Waggons)

die Übergabe zwischen den Brettern war für nur einen Wagen zur Zeit erlaubt und ein Überwechseln der Rangierloks untersagt

einzelnes Timesaver-Brett für Solo-Betrieb

Der „Timesaver" war in Kalifornien vom legendären Modellbahner John Allen als unterhaltsames Rangier-Puzzle erdacht worden. Zwei miteinder antretende Spieler sollten die gegebene Aufstellung von Wagen (hier rot markiert) auf ihrer gleichartigen Hälfte wiederherstellen. Entscheidend war, welches Team mit seinen Loks die Aufgabe zeitsparender (daher:„timesaver") lösen konnte. Die prinzipiell vorgesehene Gleisführung ähnelt verblüffend den Verhältnissen in der Kleinbahn-Station Quakenbrück. Zur Zugumbildung musste dort auch mit viel Überlegung ans Werk gegangen werden.

Im ländlichen westlichen Niedersachsen bot die KLBQ eine der vielen ab der Ems ostwärts führenden Bahnverbindungen Richtung Weser. Die meisten hiervon sind mittlerweile verschwunden.
Die Kleinbahn verkehrte von 1904 bis 1952 und fuhr auf 750-mm-Schmalspurgleis.

Unten: Einpassung des Anlagenprojekts in eine vorgefundene Kellerraum-Situation. Klappteile sollen für die Erreichbarkeit der verschiedenen Bedienungspositionen sorgen. Der Raum bleibt weiterhin partiell für Lagerzwecke nutzbar.

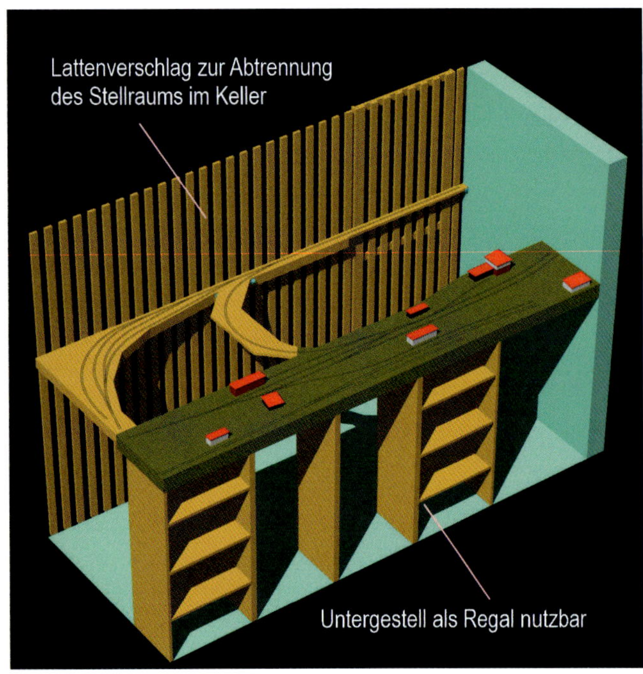

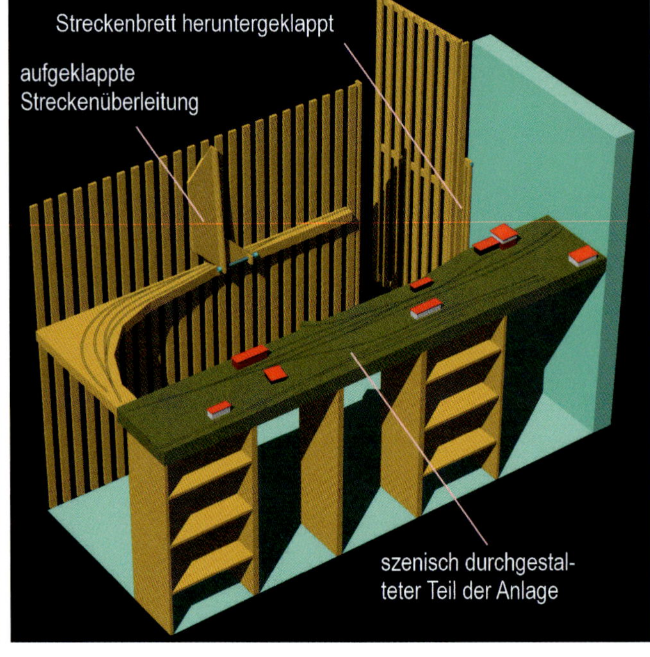

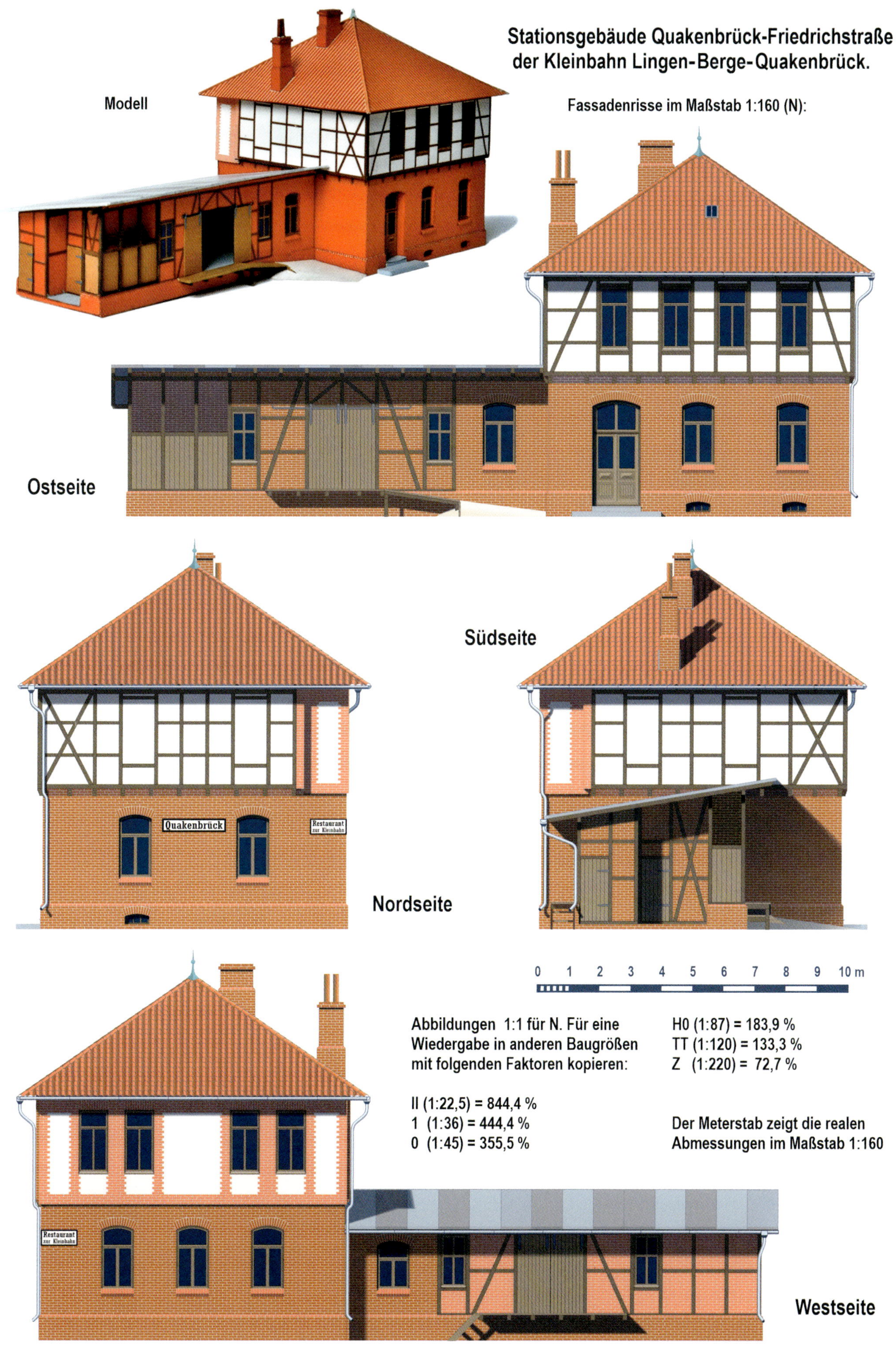
Stationsgebäude Quakenbrück-Friedrichstraße
der Kleinbahn Lingen-Berge-Quakenbrück.
Modell
Fassadenrisse im Maßstab 1:160 (N):
Ostseite
Südseite
Quakenbrück
Restaurant zur Kleinbahn
Nordseite
0 1 2 3 4 5 6 7 8 9 10 m
Abbildungen 1:1 für N. Für eine Wiedergabe in anderen Baugrößen mit folgenden Faktoren kopieren:
H0 (1:87) = 183,9 %
TT (1:120) = 133,3 %
Z (1:220) = 72,7 %
II (1:22,5) = 844,4 %
1 (1:36) = 444,4 %
0 (1:45) = 355,5 %
Der Meterstab zeigt die realen Abmessungen im Maßstab 1:160
Restaurant zur Kleinbahn
Westseite

Markante Gebäude im Bahnhof Wasserburg-Stadt, jeweils mit den Rückseiten, entgegengesetzt zur Ansicht im obigen Schaubild wiedergegeben

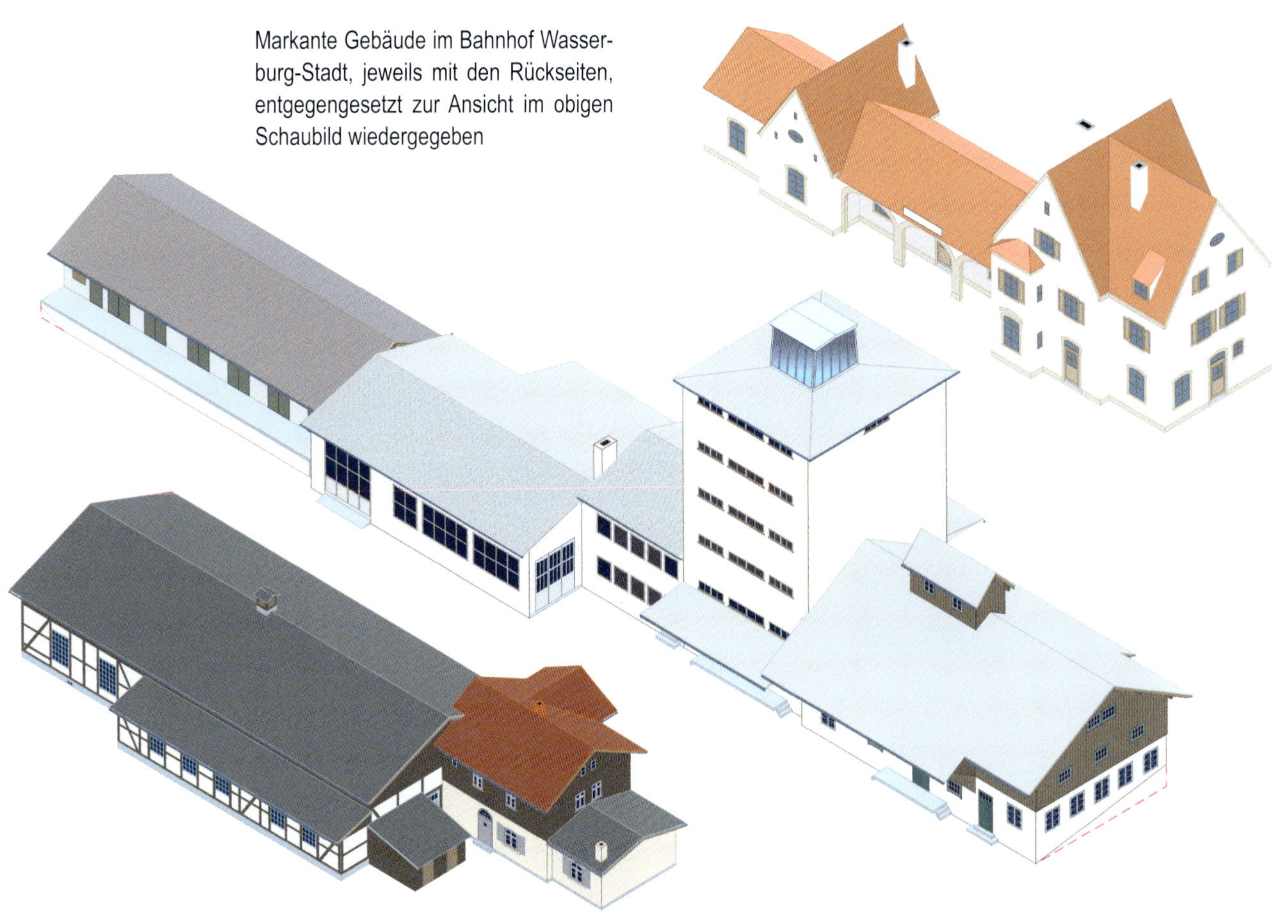

Wasserburg (Inn) Stadt

Wasserburg, malerisch in einer Schleife des Inn gelegen, gilt als städtebauliches Kleinod. Für den Modellbahner barg sie vorzeiten jedoch noch einen besonderen Schatz: die Endstation einer regelspurigen Nebenstrecke, die sich komplett ohne verfälschendes Stauchen oder Stutzen nachbilden ließe – im H0-Maßstab auf weniger als 4,5 m sichtbarer Länge. Dabei müsste sich nicht mit einer lediglich basishaften Gleisausstattung begnügt werden, es findet sich noch so manche interessante Zutat. Man trifft auf: einen zweiständigen Lokschuppen, einen eindrucksvollen Lagerhaus-Komplex und eine ausreichende Kapazität an Ladegleisen. Die nötigen Weichenverbindungen können in vorbildrichtigen Winkelgraden ausgeführt werden, ohne die veranschlagten Ausmaße zu überschreiten. Mit gefühlvollen Zugeständnissen

Links unten: Lage von Wasserburg im Bahnnetz Oberbayerns

Unten: Die Verkehrssituation von Wasserburg/Inn. In der Rahmenleiste sind Teilungen von einem Kilometer eingetragen. Die Bahnverbindung zwischen den beiden Wasserburger Stationen ist heute leider eingestellt.

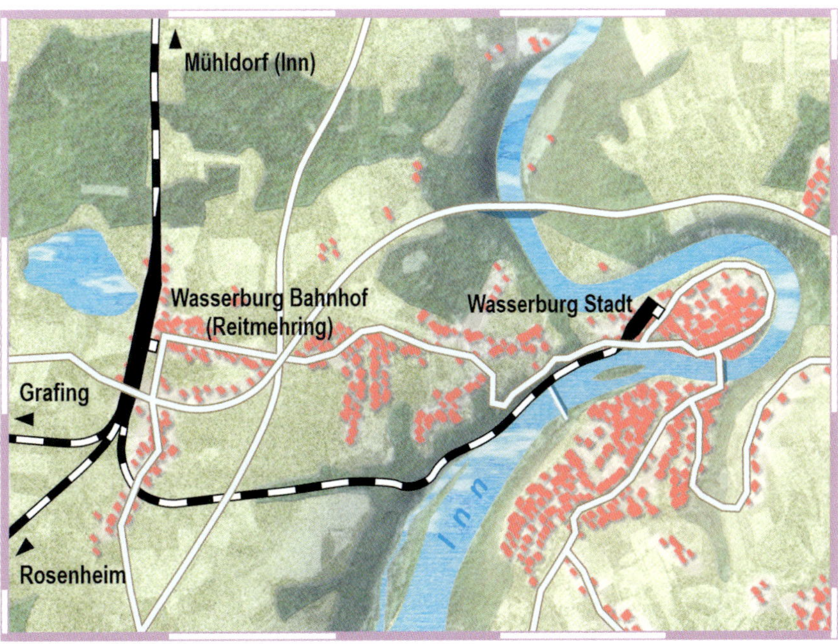

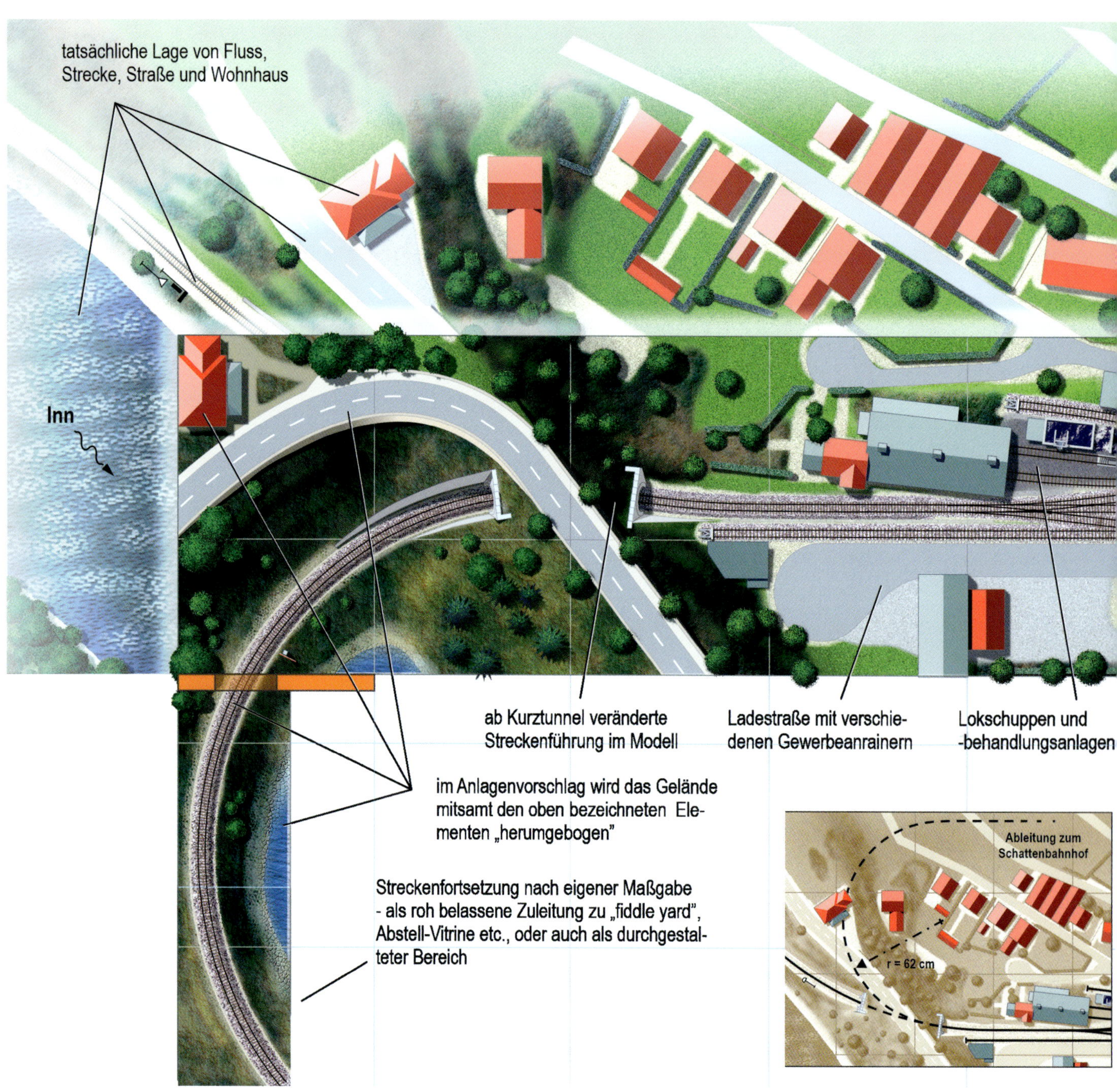

ließe sich bestimmt auch noch eine weitere Reduzierung der Abmessungen im Modell erreichen, ohne dass der vorbildgemäße Eindruck verloren geht. Einige Modellbahnfreunde haben das durchaus mit gutem Erfolg bereits in die Tat umgesetzt.

Deshalb soll diesmal auch kein „vollständiger" Anlagenvorschlag unterbreitet werden, sondern es wird sich auf die Darstellung eines dioramenhaften Ausschnitts beschränkt. Dieser könnte sicherlich auch leicht zu einem individuellen Anlagenprojekt ergänzt werden, das sich immer noch innerhalb überschaubarer Raumdimensionen unterbringen ließe.

Es bietet sich besonders an, die Szenerie in einer Guckkasten-artigen Umrahmung zu präsentieren, was auch innerhalb des Wohnbereichs einen attraktiven Blickfang bieten könnte. Der Vorschlag zur Einpassung ins Zimmer geht von 5,0 m Erstreckung entlang einer Wand aus. Um Streckenergänzungen organisch anbinden zu können, wurde die Szenerie jenseits des Tunnelabgangs auf geeignete Weise „herumgebogen". An den angedeuteten Strecken-Abgang ließen sich dann sowohl roh belassene Fiddle-Gleise als auch weitere durchgestaltete Anlagenbereiche anschließen.

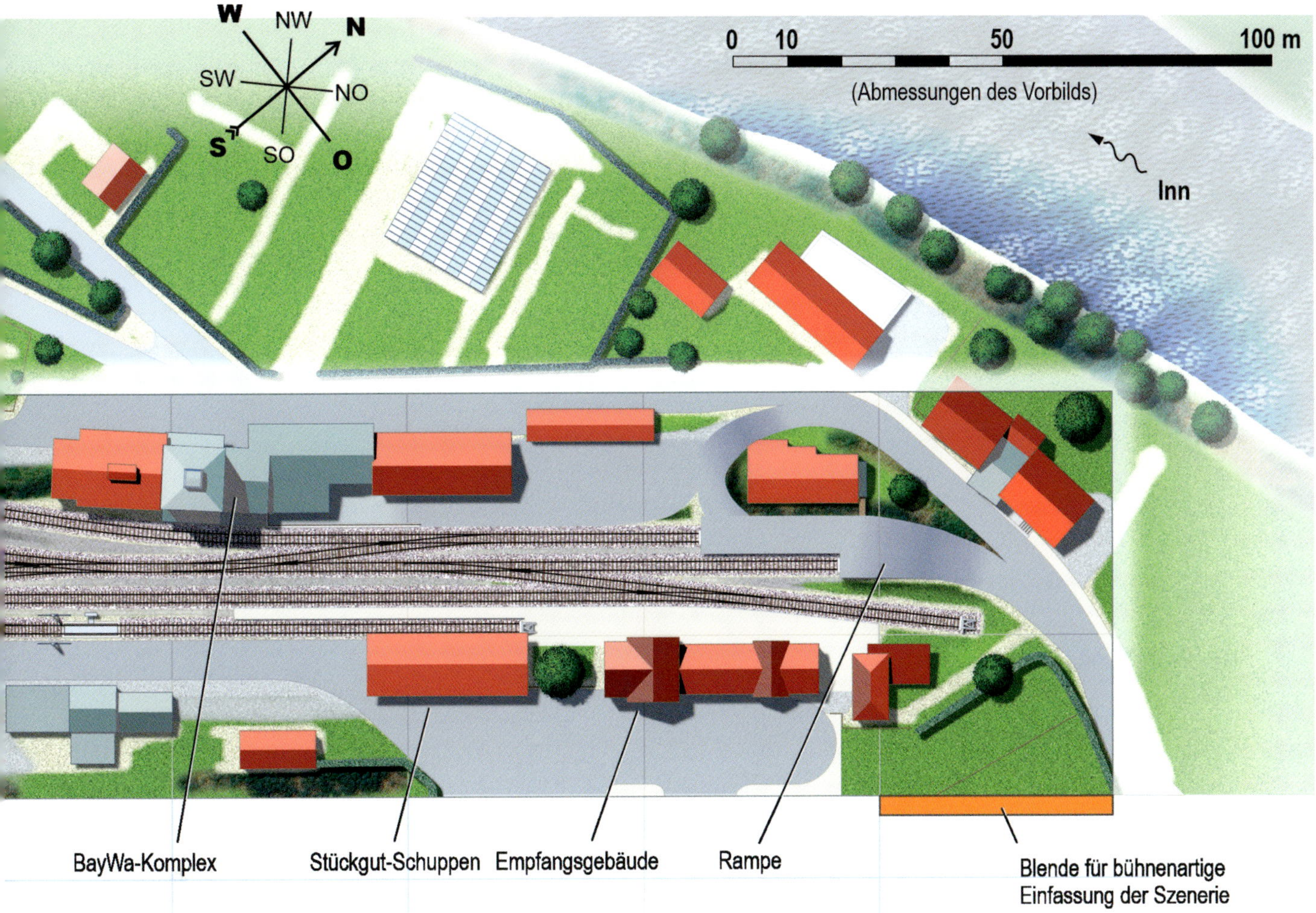

W NW N SW NO S SO O

0 10 50 100 m

(Abmessungen des Vorbilds)

Inn

BayWa-Komplex

Stückgut-Schuppen

Empfangsgebäude

Rampe

Blende für bühnenartige Einfassung der Szenerie

Links: Bei einer flächig ausgebildeten Wasserburg-Szenerie könnte eine Streckenanbindung bereits innerhalb des Kurztunnels erfolgen, um Schattengleise zu erreichen.

Mit 5,0 m Erstreckung wird der Bahnhof Wasserburg/Stadt maßstäblich richtig in einem H0-Diorama erfasst. Szenentiefe 0,8 m, Raster 50 cm

Jenseits der inneren Umgrenzung wird aufgezeigt, wie sich die tatsächliche Umgebung fortsetzen würde. Abbildungsmaßstab für das Zimmer 1:15, Maßstab für das reale Gelände 1:1305

Die Szenerie des Bahnhofs Wasserburg wird hier bühnenartig umrandet und ausgeleuchtet.
Bei abgedunkelter Umgebung ergibt sich ein eindrucksvoller Effekt, der als Argument gegen die Auffassung sprechen kann, dass Modellbahn nicht in den engeren Wohnbereich gehört.

ZOJE in 0e-Segmenten

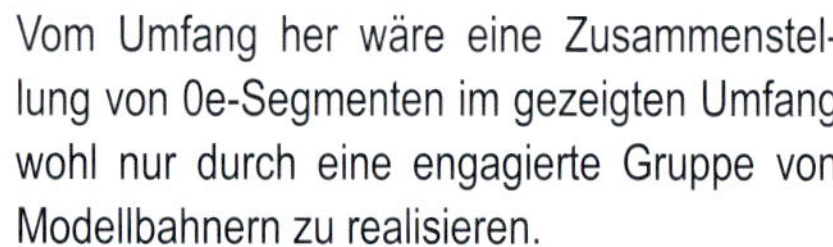

Vom Umfang her wäre eine Zusammenstellung von 0e-Segmenten im gezeigten Umfang wohl nur durch eine engagierte Gruppe von Modellbahnern zu realisieren.

Diese Darstellung soll auch nur als Anhalt dienen, wie ein Anlagenprojekt gestaltet werden kann, das auch die Aufstellung in wechselnder Konfiguration erlaubt.

Diesem Prinzip folgen mittlerweile eine ganze Reihe gemeinschaftlich erstellter und betriebener Anlagen. Das betrifft auch unterschiedliche Baugrößen und Themen.

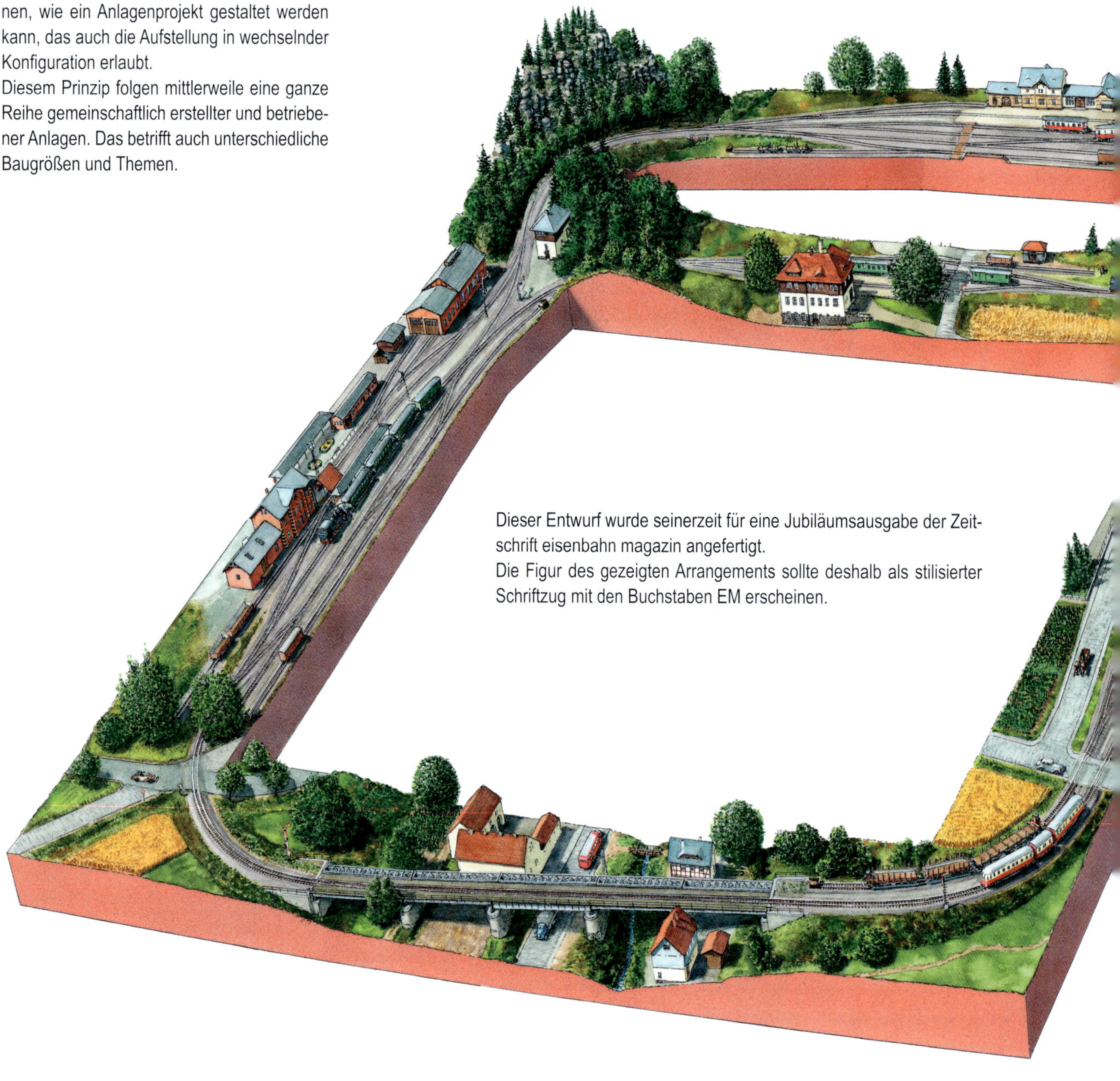

Dieser Entwurf wurde seinerzeit für eine Jubiläumsausgabe der Zeitschrift eisenbahn magazin angefertigt.

Die Figur des gezeigten Arrangements sollte deshalb als stilisierter Schriftzug mit den Buchstaben EM erscheinen.

Das Verkehrsrevier der Bahnen um Zittau in den heutigen Grenzen (1:200.000)

Wird eine Erweiterung der Durchgangsbereiche an den engsten Stellen vorgesehen, ist auch leicht eine Umplanung für ein H0e-Arrangement mit weitgehend halbierten Außenmaßen möglich.

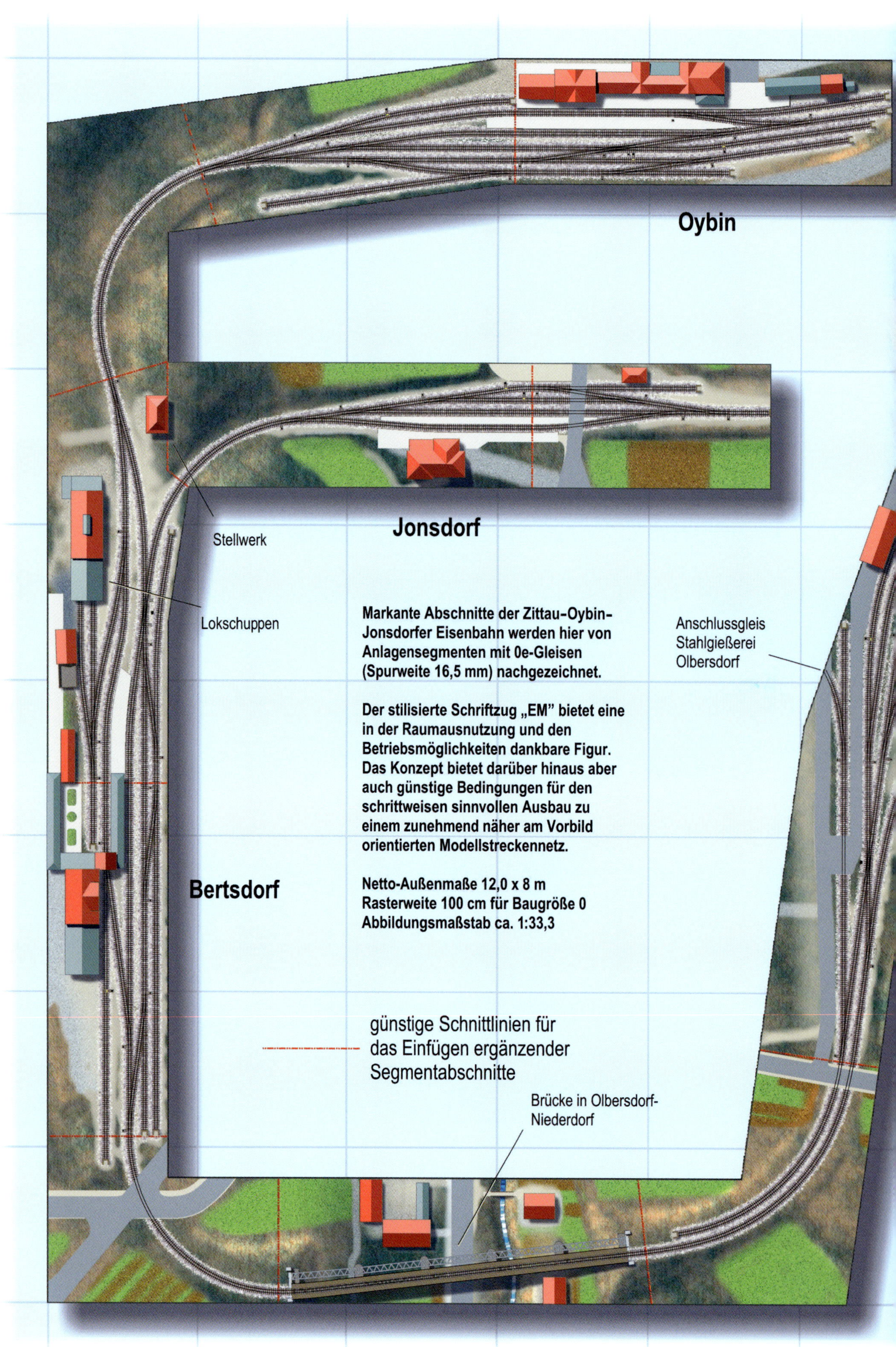

Markante Abschnitte der Zittau-Oybin-Jonsdorfer Eisenbahn werden hier von Anlagensegmenten mit 0e-Gleisen (Spurweite 16,5 mm) nachgezeichnet.

Der stilisierte Schriftzug „EM" bietet eine in der Raumausnutzung und den Betriebsmöglichkeiten dankbare Figur. Das Konzept bietet darüber hinaus aber auch günstige Bedingungen für den schrittweisen sinnvollen Ausbau zu einem zunehmend näher am Vorbild orientierten Modellstreckennetz.

Netto-Außenmaße 12,0 x 8 m
Rasterweite 100 cm für Baugröße 0
Abbildungsmaßstab ca. 1:33,3

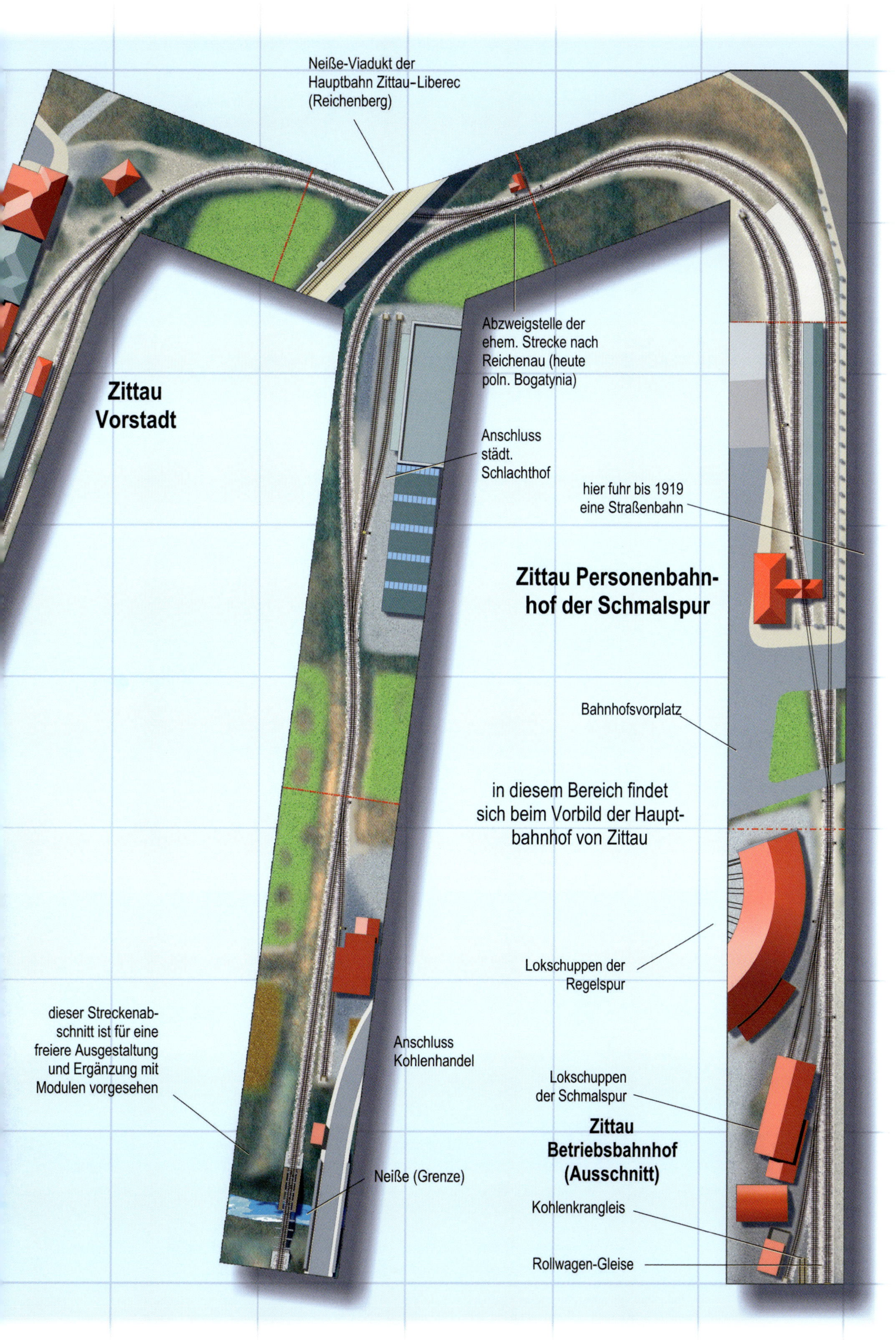
Neiße-Viadukt der
Hauptbahn Zittau-Liberec
(Reichenberg)
Abzweigstelle der
ehem. Strecke nach
Reichenau (heute
poln. Bogatynia)
Zittau
Vorstadt
Anschluss
städt.
Schlachthof
hier fuhr bis 1919
eine Straßenbahn
Zittau Personenbahn-
hof der Schmalspur
Bahnhofsvorplatz
in diesem Bereich findet
sich beim Vorbild der Haupt-
bahnhof von Zittau
Lokschuppen der
Regelspur
dieser Streckenab-
schnitt ist für eine
freiere Ausgestaltung
und Ergänzung mit
Modulen vorgesehen
Anschluss
Kohlenhandel
Lokschuppen
der Schmalspur
Zittau
Betriebsbahnhof
(Ausschnitt)
Neiße (Grenze)
Kohlenkrangleis
Rollwagen-Gleise

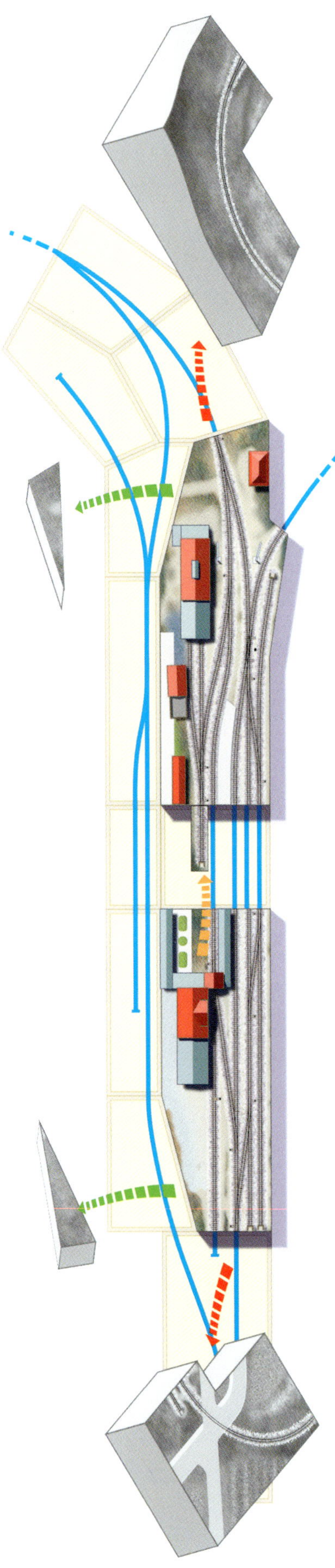

Aus der heutigen Clubszene ist der gemeinschaftliche Bau und Betrieb von Anlagen in Modul- und Segmentform fast nicht mehr wegzudenken. Während dieser Vorschlag für eine Sonderausgabe der Zeitschrift eisenbahn magazin in den Druck ging, wurde tatsächlich von Modellbahnern an Segmenten mit eben dieser Thematik in der Baugröße H0e gearbeitet. Jene Freunde schufen so in Zittau ein höchst vorzeigbares Abbild der Schmalspurbahn ihrer Region.

Der hier gezeigte Entwurf geht hingegen von Anlagen-Segmenten in Baugröße 0e aus. Trotz des bereits größeren Maßstabs 1:45 stellen sich am Vorbild einer 750-mm-Schmalspurbahn gestaltete Abschnitte noch immer recht handlich dar. So könnte ins Auge gefasst werden, dass zu passender Gelegenheit die Mitglieder ihr Werk an verschiedenen Orten, auch mal in wechselnder Zusammenstellung, zur Vorführung bringen. Die Teilstücke dieses Projekts folgen nicht zur Gänze den strikten Vorgaben, wie beim Modul-Prinzip verlangt. Doch sollten Gleis-Übergänge das Stirnprofil stets in gleicher Höhe und im rechten Winkel schneiden. So kann es zwar beim Aneinanderfügen zwar hin und wieder zu einem Bruch in der Geländegestalt kommen; aber wenn nun einmal ein Teilstück nicht in gewohnter Reihenfolge eingefügt werden kann, ist doch stets noch immer ein kontinuierlicher Schienenweg gewährleistet.

Das Thema orientiert sich an den von Zittau in der Oberlausitz ausgehenden Schmalspurstrecken. Die ersten Abschnitte wurden Ende des 19. Jahrhunderts in privater Regie als Zittau-Oybin-Jonsdorfer Eisenbahn-Gesllschaft (ZOJE) angelegt. Bereits 1906 erfolgte die Eingliederung in die Oberhoheit der Königlich Sächsischen Staatsbahn. Nach dem Übergang in die Reichsbahn, kurzfristig sogar in die DB, erfolgte um 1996 die Umwandlung wiederum in ein privatrechtlich geführtes Untenehmen, die SOEG (Sächsisch-Oberlausitzer Eisenbahn-Gesellschaft). Liebhaber der Bahn sprechen oftmals trotz allem noch immer von der „ZOJE“, obwohl Teile des Netzes erst später hinzugekommen sind.

Die gezeigte Zusammenstellung wurde für das spezielle Erscheinungsbild in den Lettern EM getroffen, was natürlich für eine ähnlich gelagerte Nachempfindung kein unabdingbares Erfordernis darstellt. Es konnte naturgemäß eine lediglich beschränkte Auswahl an nachzubildenden Motiven getroffen werden. Trotz generös angenommener Abmessungen des Stellraums wird für einige der Bahnanlagen ein Kürzen und Stauchen der Vorbild-Gegebenheiten erforderlich. Immerhin konnten viele Weichen-Entwicklungen mit den vorbildrichtigen Winkelmaßen ausgeführt werden – was selbst in kleinerem Bau-Maßstab bei Regelspur-Thematiken keineswegs zu den Selbstverständlichkeiten zählt!

Die teilbare Segment-Bauweise würde in einigen Fällen auch eine gelegentliche Erweiterung des ursprünglichen Teils zu noch näher am Vorbild orientierten Dimensionen und die Einpassung in veränderte Strecken-Fortsetzungen ermöglichen, wie es nebenstehend am Beispiel des Modell-Trennungsbahnhofs Bertsdorf demonstriert wird.

Am Beispiel des Bahnhofs Bertsdorf wird gezeigt, wie man durch Erweiterung und Auswechslung der Segmente sich noch weiter an die Dimensionen des Vorbilds annähern kann. Der nunmehr komplette Bahnhofsbereich wird von den hellgelben Rahmen abgedeckt. Blaue Linien zeigen den vollständigen Gleisverlauf.

Rechte Seite oben: Kartierung des Bhf Füssen bis ca. 1975, gestrichelte Gleise im Anlagenvorschlag fortgelassen. Betriebsgebäude rot.

Rechte Seite unten: Füssens Bahnanbindung im Südwesten Bayerns

Füssen, ex LAG

Zu den reizvollsten Aufgaben, die sich einem Modellbahn-Planer stellen, gehört der Entwurf einer an einem echten Vorbild orientierten Anlage. Zunächst einmal gilt es, sich mittels Recherche, Erfahrungsaustausch und direkter Anschauung mit den Gegebenheiten vertraut zu machen. Sodann müssen die Findungen irgendwie für den zur Verfügung stehenden Platz „gefügig" gemacht werden. Denn nur selten findet sich eine Vorbildsituation, die sich unverfälscht ohne Stauchen in ein verkleinertes Modell-Abbild übertragen lässt – welch kleiner Baumaßstab auch immer gewählt wird. In Frage käme höchstens ein isolierter Dioramen-Abschnitt, mit dem dann aber kaum das Nachspielen der verkehrlichen Abläufe in ihrer Gänze möglich wird. Schließlich muss auch entschieden werden, bis zu welchem Grade die wirklich getreue Nachbildung von Gleisen, Landschaft und Gebäuden getrieben werden soll; ob hie und da nicht auch schon eine vereinfachte Ausführung und die Verwendung passender Fertigartikel zu einem befriedigenden Ergebnis führt.

Entscheidend für ein erfolgreich umsetzbares Projekt sind natürlich die

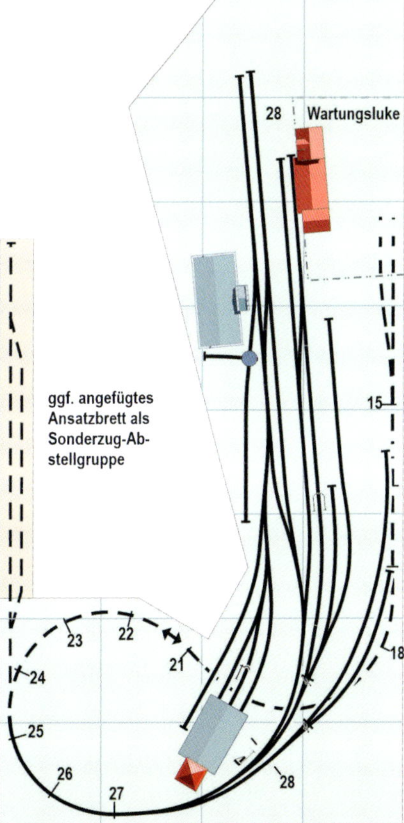

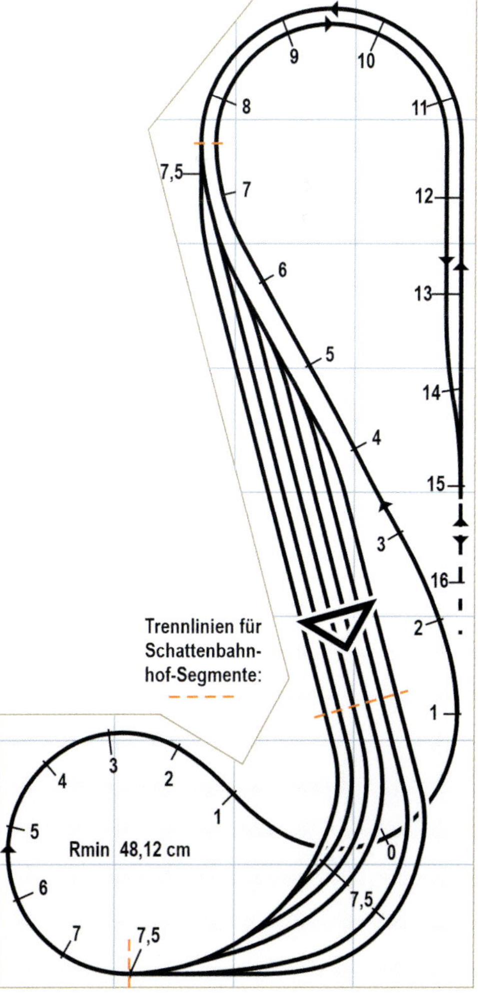

Die wesentlichen Gleisentwicklungen des Anlagenprojekts nach Vorbild Füssen. Oben die sichtbaren Bereiche, rechts der verdeckte Bezirk im Maßstab 1:30 für H0. Das Ansatzbrett könnte variabel angefügt werden, den räumlichen Gegebenheiten entsprechend.

Eigenschaften und Merkmale des Vorbildes selbst. An Großstadt-Motiven und ausufernden Betriebsstellen orientierte Heimanlagen mögen interessante Betätigung und Bastelaufgaben mit sich bringen. Aber nur selten gelingt es, mit einem solchen Thema ein Abbild zu schaffen, mit dem auch ein überzeugendes „feeling" im Modell einhergeht.

Dazu muss man sich eben bei kleineren Stationen auf dem Lande umsehen und sich auf das Verkehrsgeschehen einer Nebenbahn, wenn nicht gar schmalspurigen Kleinbahn, beschränken.

Eine in diesem Sinne handliche Vorlage bietet die Station Füssen am Ende einer Stichstrecke hinein ins Allgäu. Angelegt wurde sie vormals in der Regie einer privaten Gesellschaft (LAG), wurde sodann 1938 dem Netz der Staatsbahn zugeschlagen. Aber auch heute wird hier noch einiges geboten, was auch für die Nachstellung im Modell abwechslungsreichen Betrieb und hinreichendes Fahrvergnügen verspricht.

In der zeichnerischen Aufbereitung wurden Umgebung und Baulichkeiten weitgehend mit ihrem tatsächlichen Erscheinungsbild berücksichtigt, wenn auch – vorgenannten Gedanken folgend – enger gestellt und in der vorhandenen Räumlichkeit zusammengerückt.

Die Zielstellung bei diesem Entwurf war, mittels möglichst einfacher Durchbildung und Einsatz handelsüblichen Gleismaterials (hier Roco-Line) dennoch zu einem überzeugend vorbildnahen Resultat zu gelangen. Auch sollte mit halbwegs moderaten Ansprüchen an Stellfläche ausgekommen werden. Als Adressat für eine derartige Empfehlung wurde an einen schon erfahrenen Modellbahner als Wiedereinsteiger gedacht, der sich auf seine alten Tage nicht auf ein für ihn letztlich nicht mehr überschaubares Projekt einlassen will.

Trotzdem sollte sich nicht mit einem eng umgrenzten Diorama mit lediglich

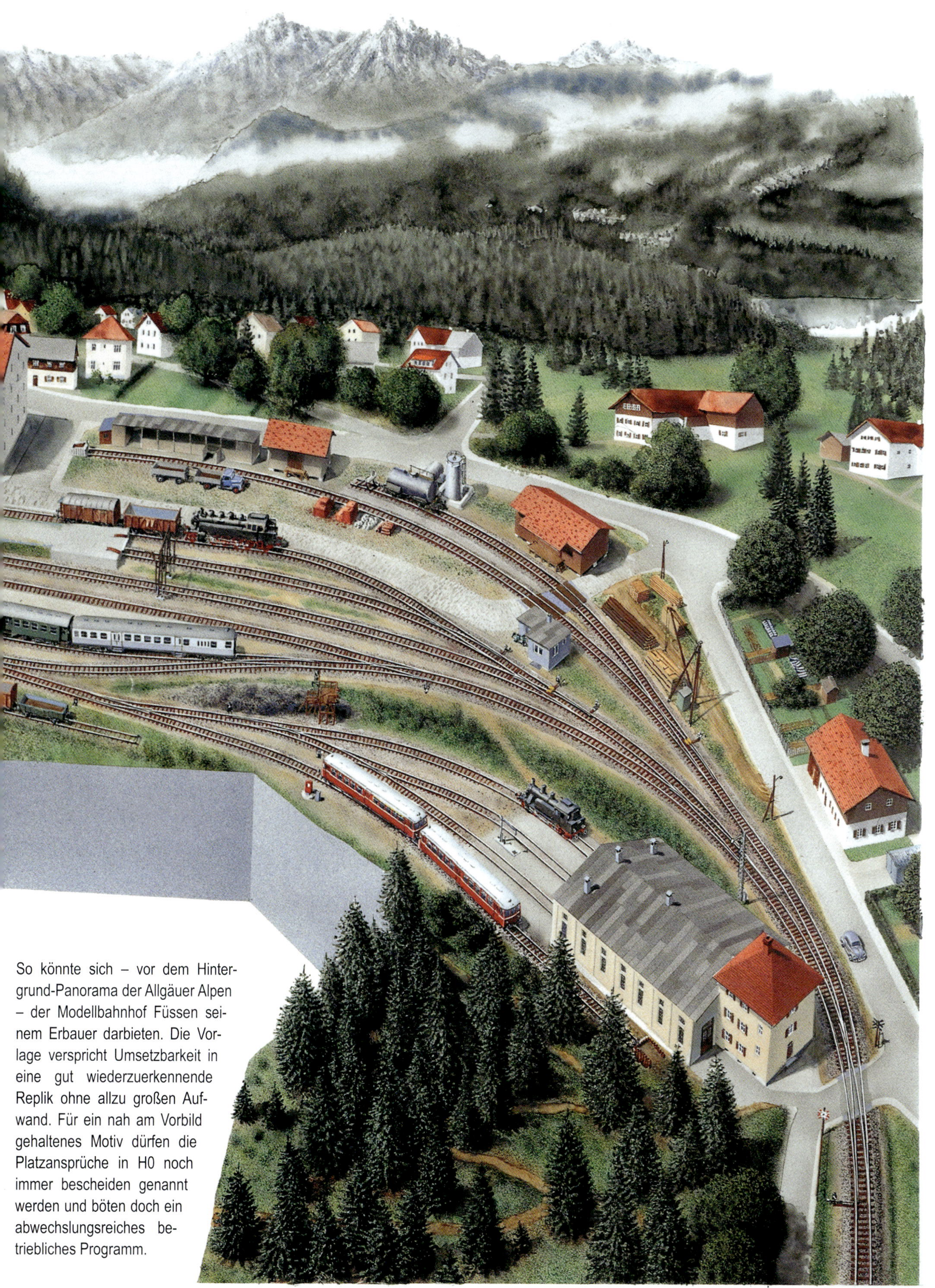

So könnte sich – vor dem Hintergrund-Panorama der Allgäuer Alpen – der Modellbahnhof Füssen seinem Erbauer darbieten. Die Vorlage verspricht Umsetzbarkeit in eine gut wiederzuerkennende Replik ohne allzu großen Aufwand. Für ein nah am Vorbild gehaltenes Motiv dürfen die Platzansprüche in H0 noch immer bescheiden genannt werden und böten doch ein abwechslungsreiches betriebliches Programm.

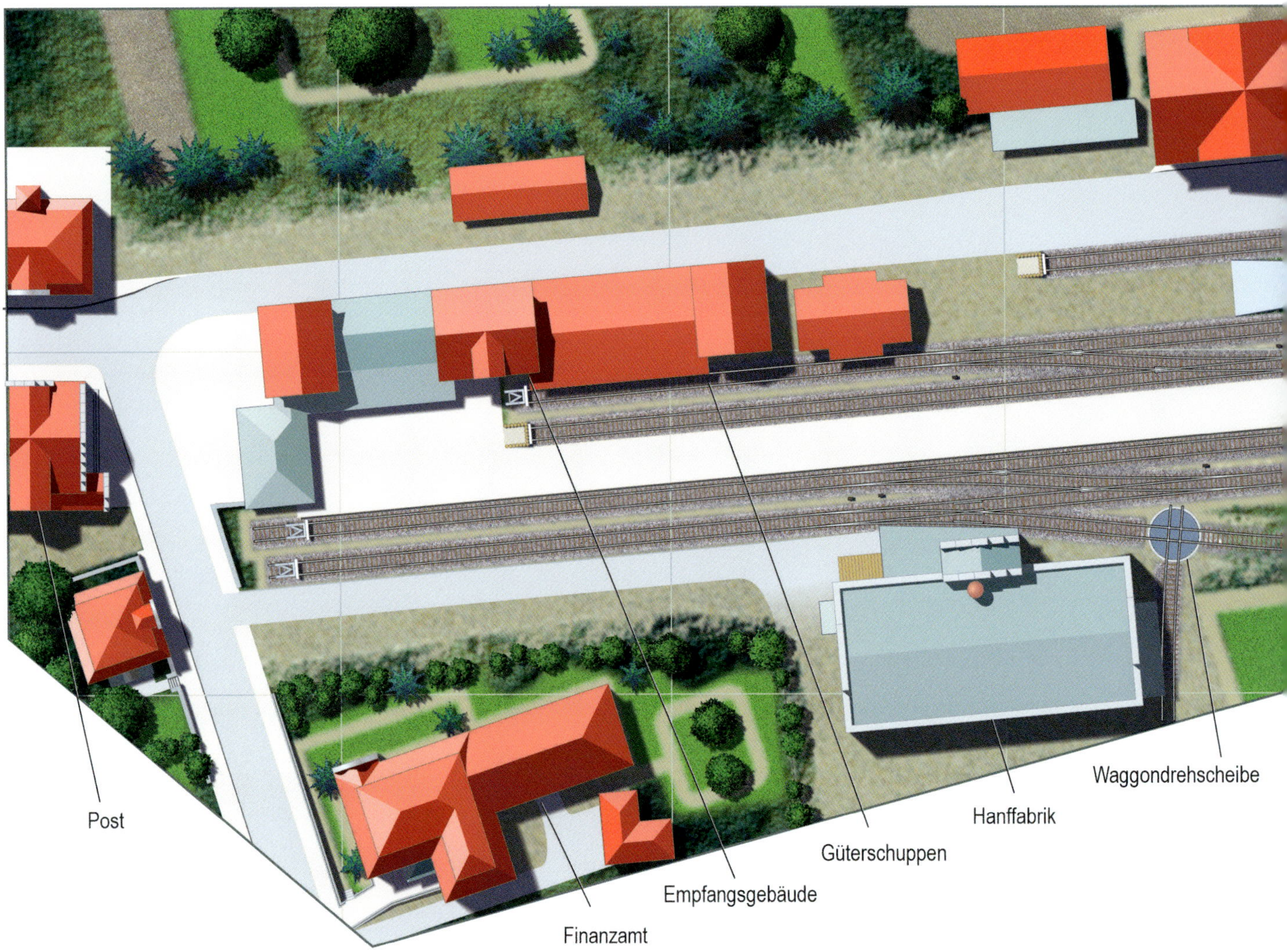

Post

Waggondrehscheibe

Hanffabrik

Güterschuppen

Empfangsgebäude

Finanzamt

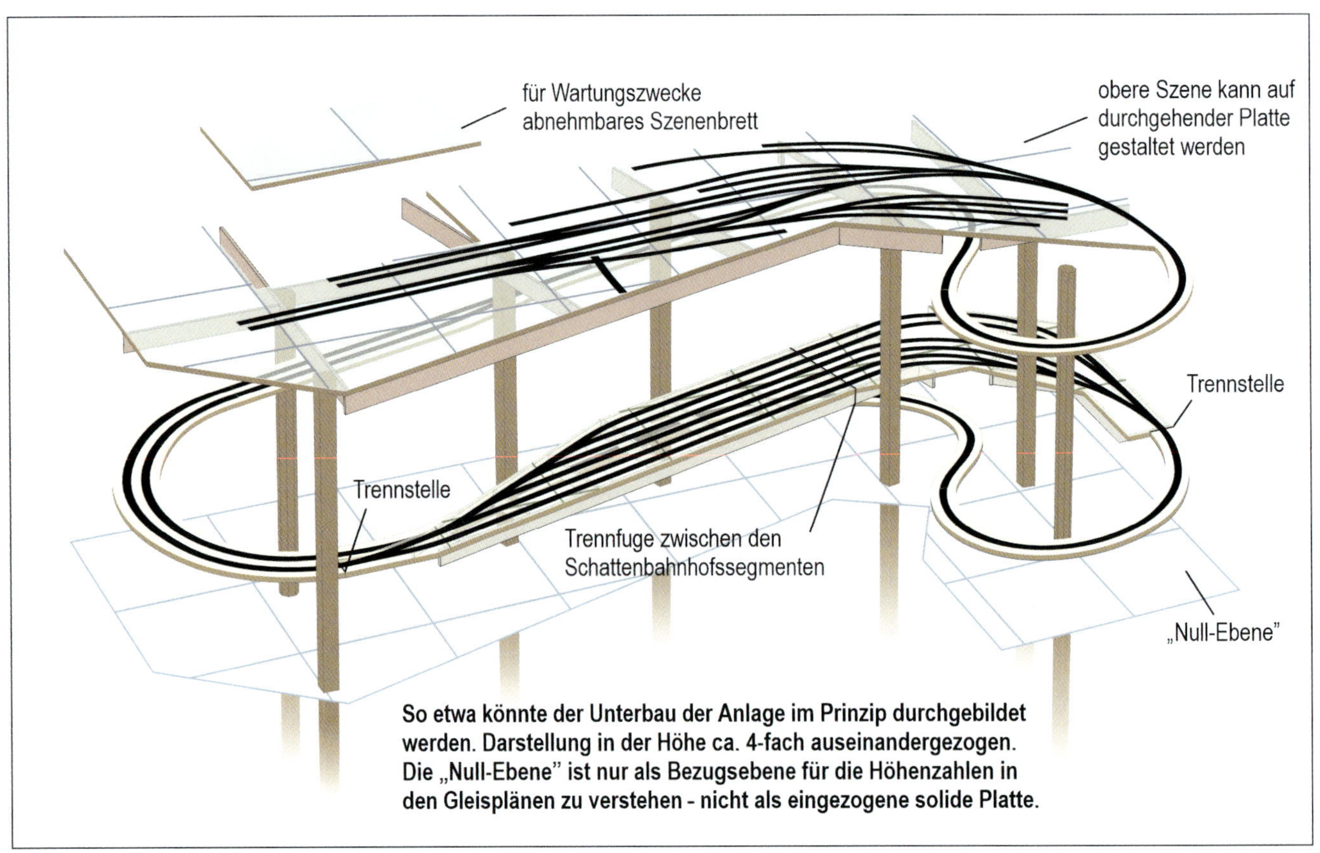

So etwa könnte der Unterbau der Anlage im Prinzip durchgebildet werden. Darstellung in der Höhe ca. 4-fach auseinandergezogen. Die „Null-Ebene" ist nur als Bezugsebene für die Höhenzahlen in den Gleisplänen zu verstehen - nicht als eingezogene solide Platte.

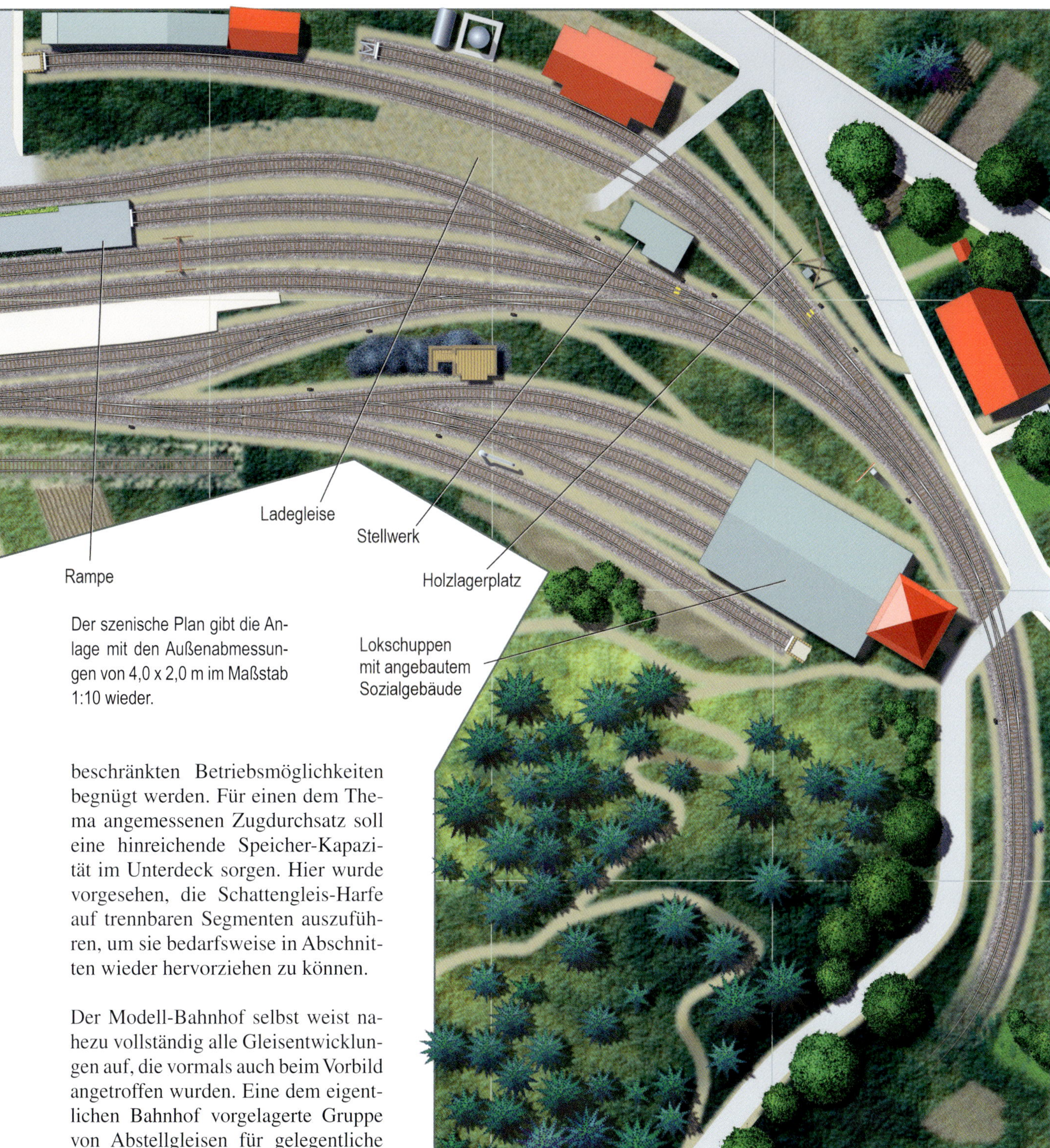

Der szenische Plan gibt die Anlage mit den Außenabmessungen von 4,0 x 2,0 m im Maßstab 1:10 wieder.

beschränkten Betriebsmöglichkeiten begnügt werden. Für einen dem Thema angemessenen Zugdurchsatz soll eine hinreichende Speicher-Kapazität im Unterdeck sorgen. Hier wurde vorgesehen, die Schattengleis-Harfe auf trennbaren Segmenten auszuführen, um sie bedarfsweise in Abschnitten wieder hervorziehen zu können.

Der Modell-Bahnhof selbst weist nahezu vollständig alle Gleisentwicklungen auf, die vormals auch beim Vorbild angetroffen wurden. Eine dem eigentlichen Bahnhof vorgelagerte Gruppe von Abstellgleisen für gelegentliche Sonderzug-Einsätze könnte in Form eines gesonderten Ansatzbretts vorgesehen werden. Heute freilich hat vor Ort – wie bei fast allen Bahnstationen dieser Größe – ein kräftiger Rückbau der Schienen stattgefunden.

Obwohl wegen der etwas abseitigen Lage der Bahnverkehr Füssens sich in der Regel bescheiden Nebenstrecken-üblich zeigte, konnte er saisonal und zu besonderen Gelegenheiten doch immer wieder mit speziellen Einsätzen aufwarten. Als beliebte Ferienregion, mit spektakulärer Landschaft und dem berühmten Schloss Neuschwanstein in der Nachbarschaft, zog es beachtliche Besucherströme hierher, für die fallweise längere Touristikzüge bereitgestellt wurden. Und auch so manche Sonderfahrt mit edlen Dampf- und Dieselrennern zog es ab und zu hierher.

Das Studium der Gleisanlagen zeigt, dass auch für den Güterverkehr hinreichend Bewegungsmöglichkeit besteht – zumindest wie er von einem „Einzelfahrer" gelenkt und überwacht werden kann.

Pragmatisch geplant

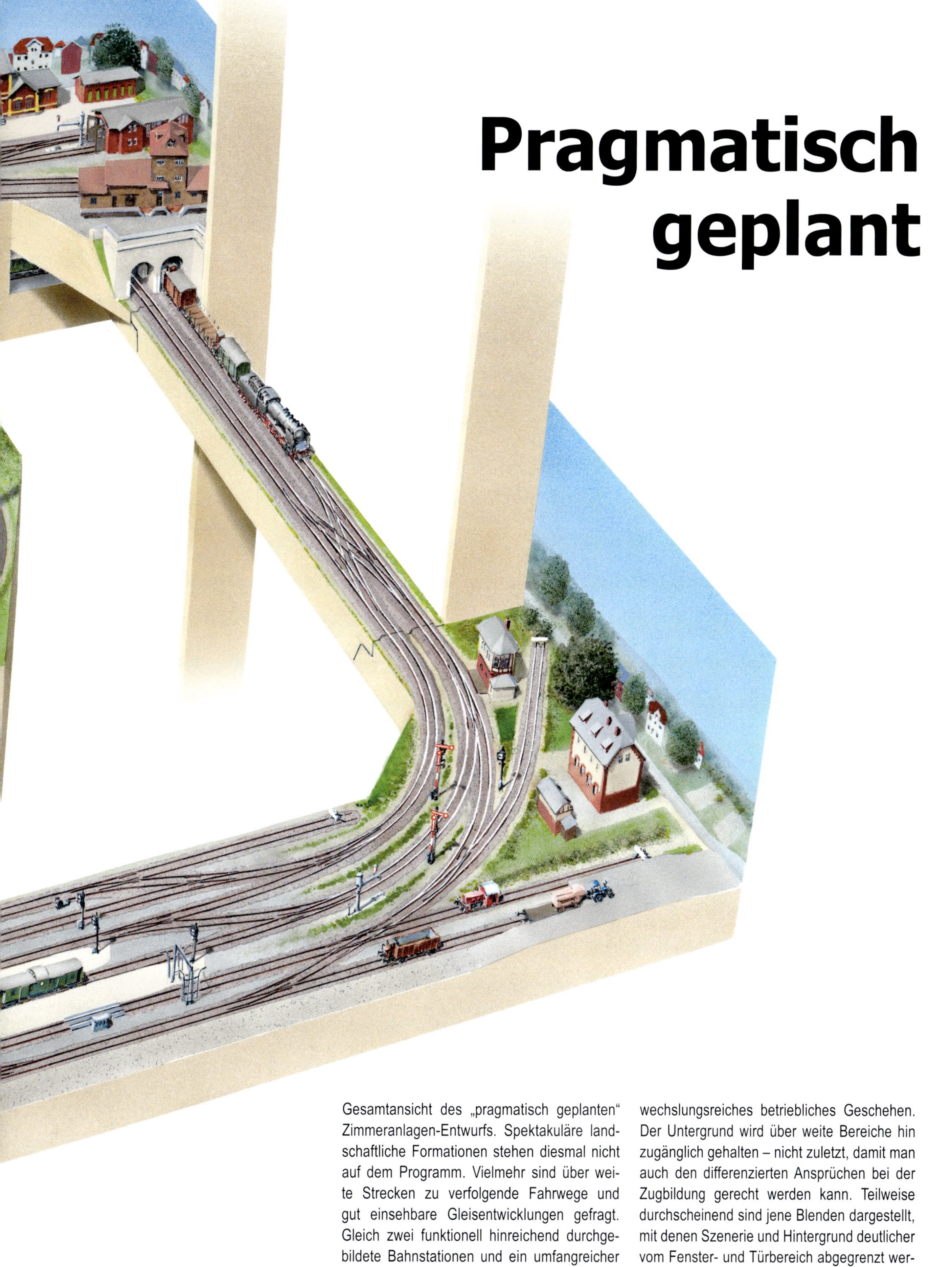

Gesamtansicht des „pragmatisch geplanten“ Zimmeranlagen-Entwurfs. Spektakuläre landschaftliche Formationen stehen diesmal nicht auf dem Programm. Vielmehr sind über weite Strecken zu verfolgende Fahrwege und gut einsehbare Gleisentwicklungen gefragt. Gleich zwei funktionell hinreichend durchgebildete Bahnstationen und ein umfangreicher industrieller Anschluss ermöglichen ein abwechslungsreiches betriebliches Geschehen. Der Untergrund wird über weite Bereiche hin zugänglich gehalten – nicht zuletzt, damit man auch den differenzierten Ansprüchen bei der Zugbildung gerecht werden kann. Teilweise durchscheinend sind jene Blenden dargestellt, mit denen Szenerie und Hintergrund deutlicher vom Fenster- und Türbereich abgegrenzt werden sollen.

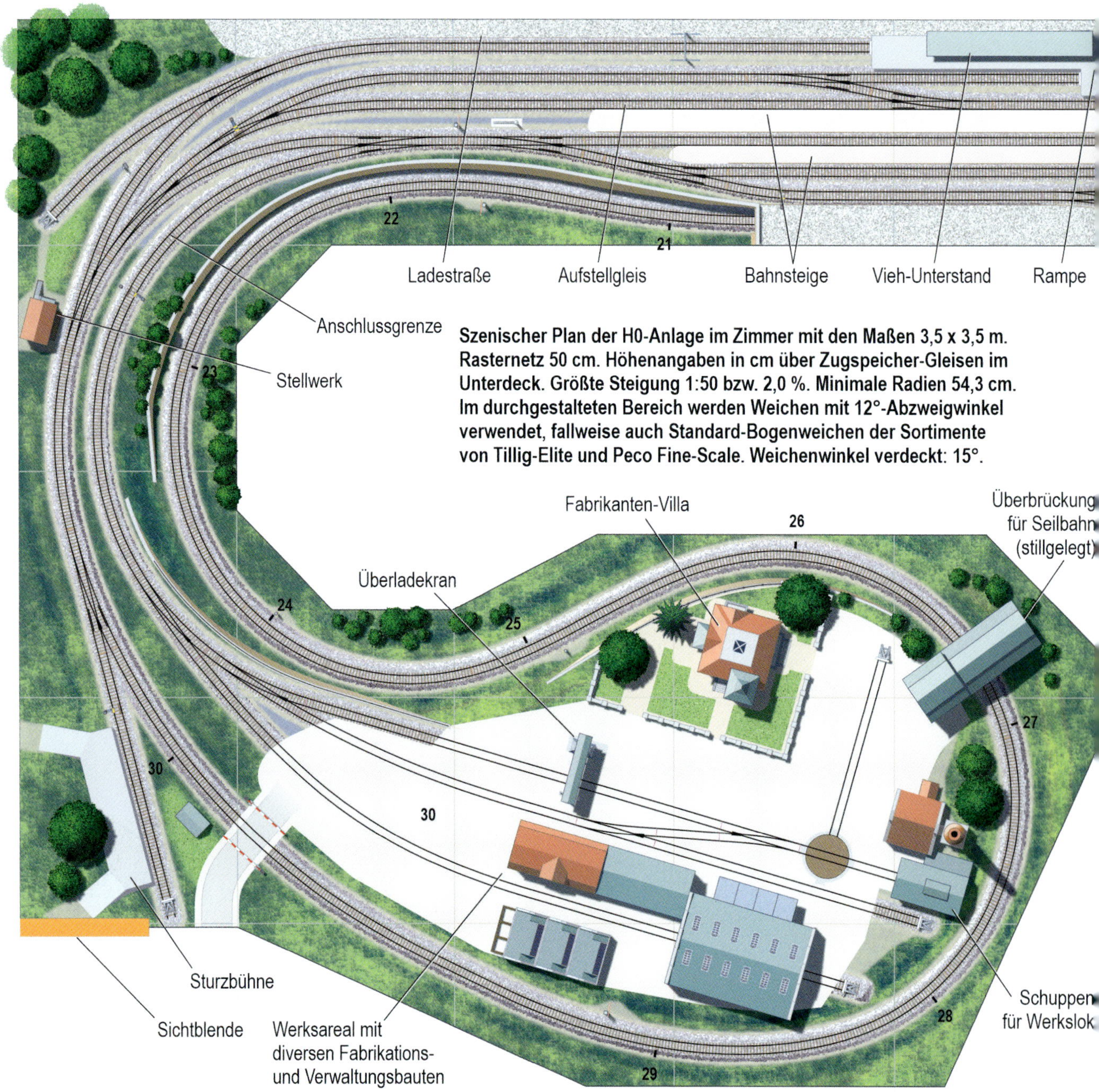

22
21
Ladestraße
Aufstellgleis
Bahnsteige
Vieh-Unterstand
Rampe
Anschlussgrenze
Stellwerk
23
Fabrikanten-Villa
26
Überbrückung für Seilbahn (stillgelegt)
Überladekran
24
25
27
30
30
Sturzbühne
Sichtblende
Werksareal mit diversen Fabrikations- und Verwaltungsbauten
29
28
Schuppen für Werkslok

Szenischer Plan der H0-Anlage im Zimmer mit den Maßen 3,5 x 3,5 m. Rasternetz 50 cm. Höhenangaben in cm über Zugspeicher-Gleisen im Unterdeck. Größte Steigung 1:50 bzw. 2,0 %. Minimale Radien 54,3 cm. Im durchgestalteten Bereich werden Weichen mit 12°-Abzweigwinkel verwendet, fallweise auch Standard-Bogenweichen der Sortimente von Tillig-Elite und Peco Fine-Scale. Weichenwinkel verdeckt: 15°.

Maßstab ca. 1:14

Thematisch abgehandelt wird eine Nebenstrecke, die zunächst als kurzer sichtbarer Abschnitt vom Schattenbahnhof herkommend in einen Spitzkehren-Bahnhof führt. Dort besteht für Schlepptenderloks auch eine Wendemöglichkeit per Drehscheibe. Der abzweigende weiter einsehbare Streckenverlauf führt in einen Endbahnhof. Dort angeschlossen ist ein umfangreicherer Werksanschluss. Beide Stationen weisen genügend weitere funktionale und betrieblich belebende Einrichtungen auf.

Anschlussgleis
Empfangsgebäude
Bahnsteige
Verkehrsgleis
Güterzug-Bildungsgleis
Güterschuppen
Kran
Waage- und Aufstellgleis
Ladestraße
19

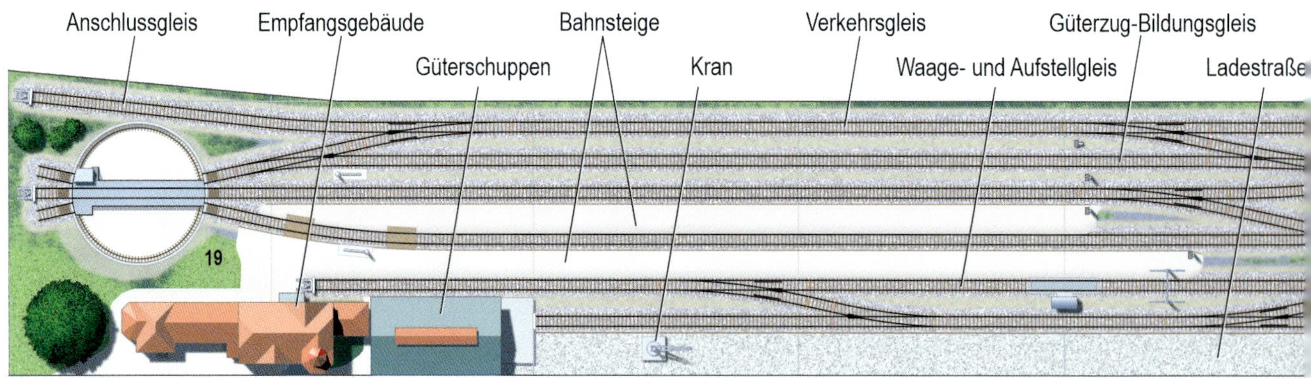

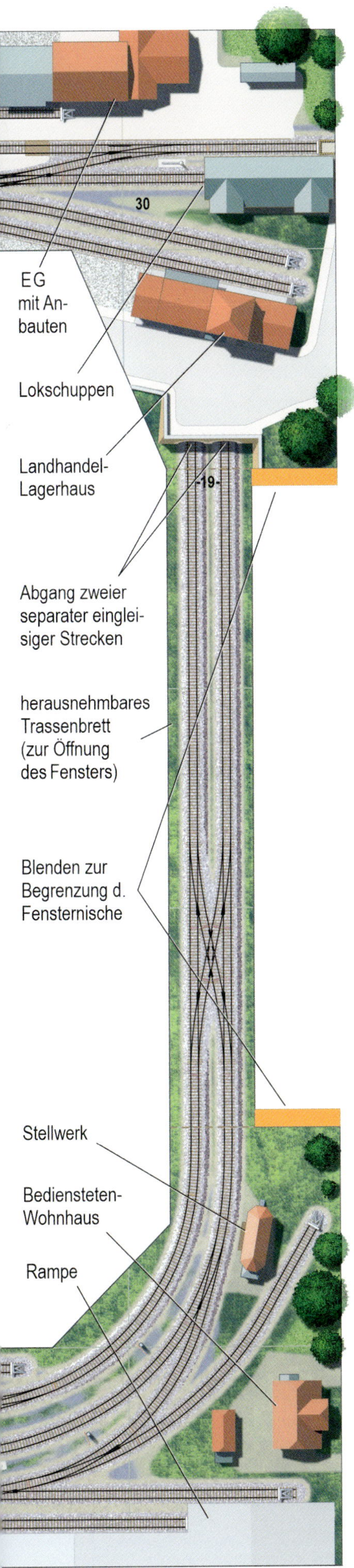

Zu Planungsbeginn wurden diese unterschiedlichen prinzipiellen Konfigurationen gegeneinander abgewogen (Rmin jeweils 54,3 cm):

Lösung A:
Diese Anlagenform erlaubt eine Streckenführung, ohne dass Überbrückungen von Gang- und Schwenkbereichen notwendig werden. Im rechten oberen Eck ergibt sich eine Zone außerhalb der normalen Reichweite von 65 cm (rot markiert).

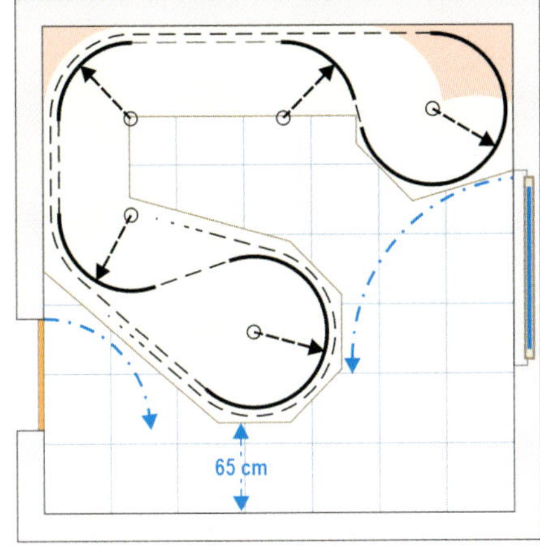

Lösung B:
Dank einer herausnehmbaren Trasse vor dem Fenster kann hier auch der Bereich im rechten unteren Eck als Teil der Anlage erschlossen werden. Allerdings ergibt sich nunmehr im entgegengesetzten Zimmereck eine ungünstige Erreichbarkeit der hinteren Bereiche.

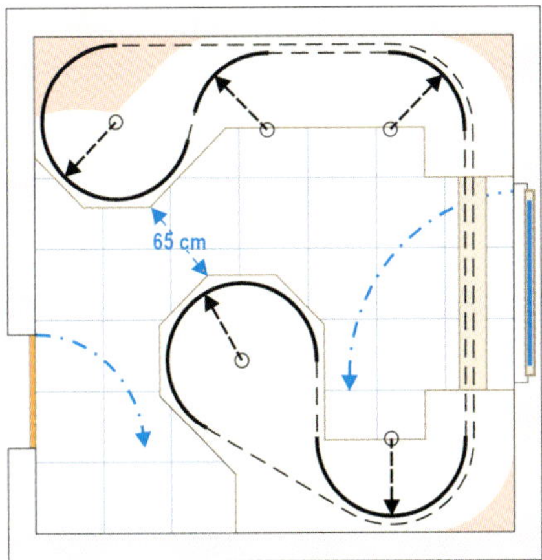

Lösung C:
Eine zusätzliche Überbrückung vor dem Eingang sorgt hier für eine Anlage in Rundum-Form. Die zentral ins Zimmer ragende Zunge kann für eine prinzipielle Streckenführung „loop-to-loop" sorgen. Allerdings sind leistungsfähige Schattenanlagen schwer zu erschließen.

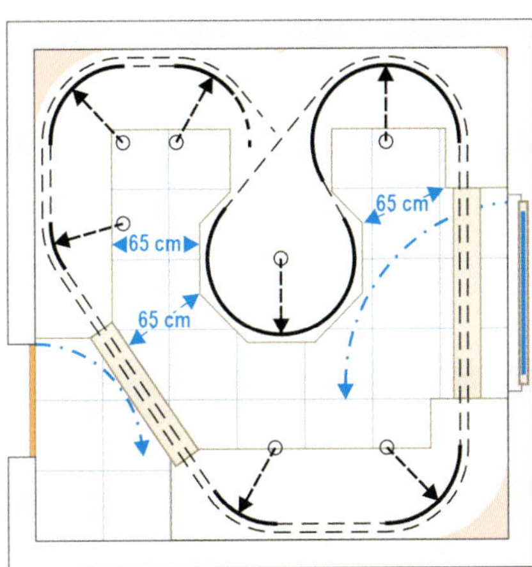

Lösung D:
Der näher beschriebene Entwurf weist die hier gezeigte Konfiguration auf. Bei der Themenwahl wird ein Kopfbahnhof vorausgesetzt. Wie sich zeigt, lassen sich noch weitere stumpf endende Betriebsstellen anschließen, was auch für einen in dieser Form auszubildenden Schattenbahnhof gilt. Dieser sollte aber gut von der Seite her zugänglich sein.

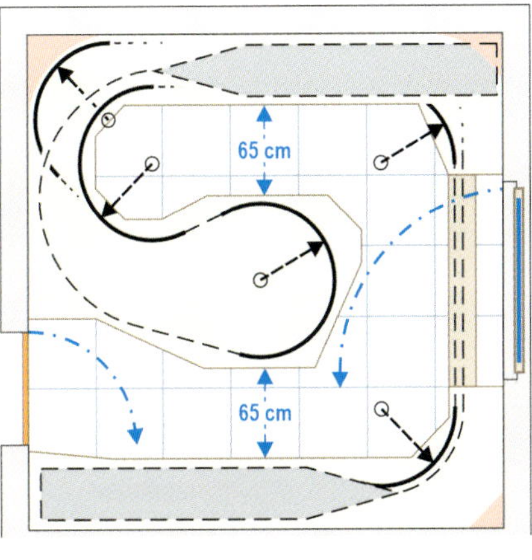

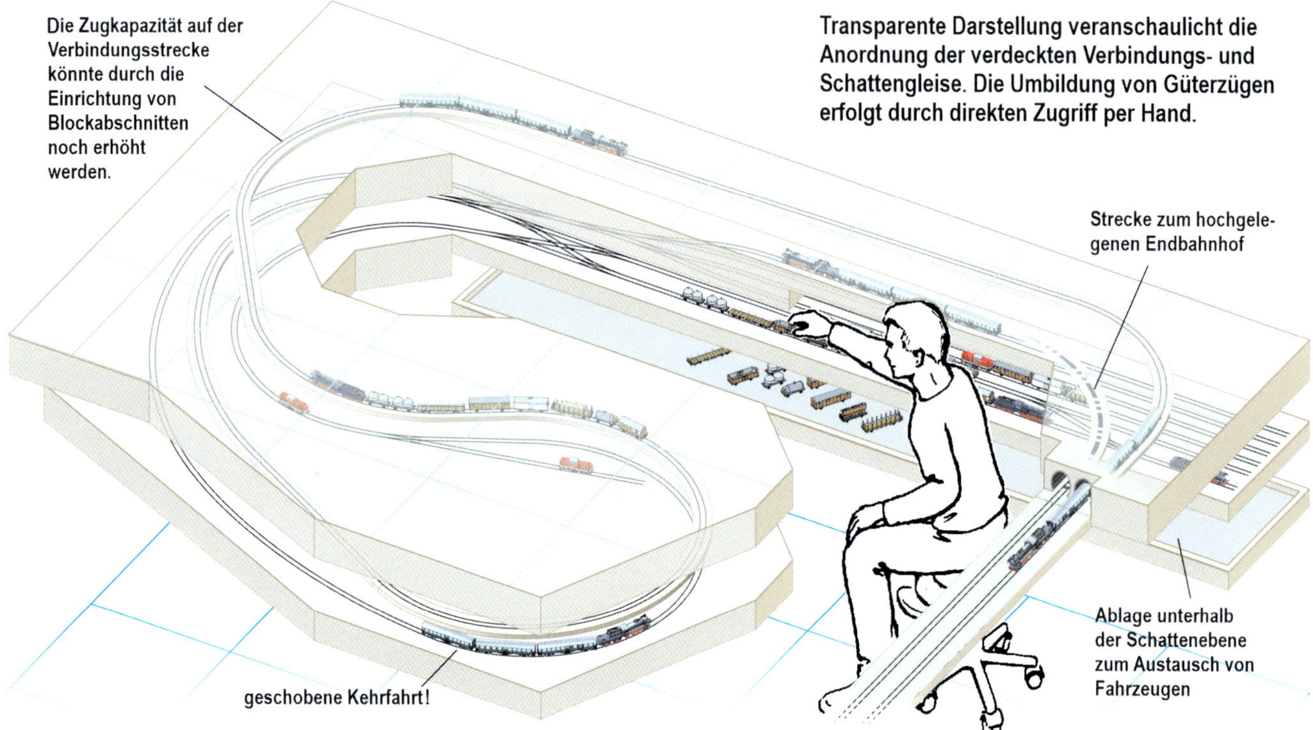

Bei dieser Planung ging es darum, für einen bestimmten Zimmerzuschnitt eine Lösung zu finden, die auf der einen Seite ein anregendes betriebliches Potenzial bietet. Auf der anderen Seite sollte eine möglichst einfache Durchbildung, weitgehend unter Einsatz von handelsüblichem Gleismaterial, angestrebt werden. Vor allem aber sollte eine gute Erreichbarkeit aller, auch der verdeckten, Partien gegeben sein, sowie ausreichend Bewegungsfreiheit zwischen den Anlagenteilen. Im anfänglichen Findungsprozess wurden mehrere prinzipielle Konfigurationen gegeneinander abgewogen, wie auf der vorangehenden Seite dargestellt. Die Lösung, für die sich endgültig entschieden wurde, bietet nun zwar nicht die Möglichkeit, die Zuggarnituren kontinuierlich kreisen zu lassen. Dafür lässt sich hier der Verkehr besonders abwechslungsreich gestalten. Gleich zwei Kopfbahnhöfe, einer davon in offenkundiger Spitzkehren-Funktion, fordern das häufige Umsetzen der Zugloks und Umgruppieren von Wagenverbänden, was auf Dauer für einen anregenden Modellbetrieb nur zuträglich sein kann. Mit der Annahme eines lediglich „virtuellen" Anschlusses ließen sich zusätzliche Übergabefahrten in den verdeckten Bereich begründen.

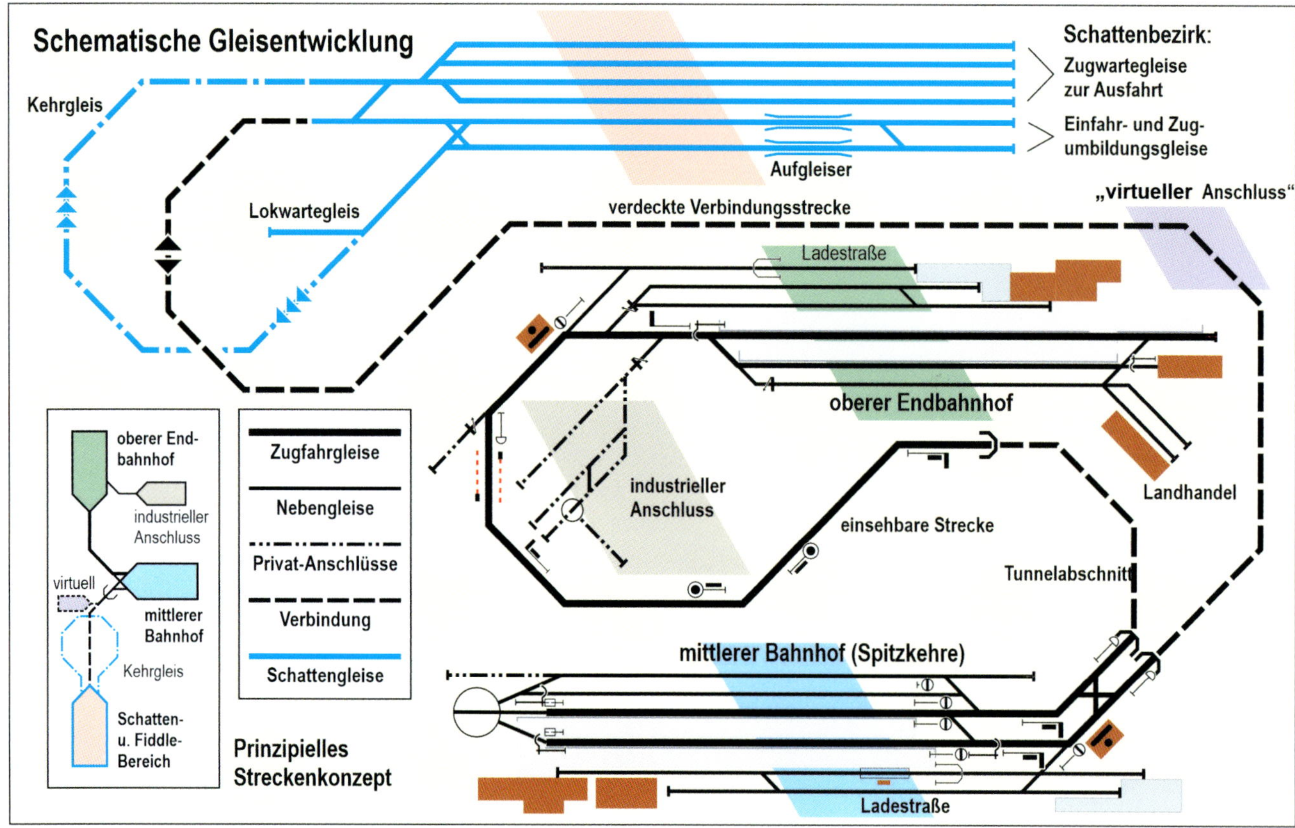

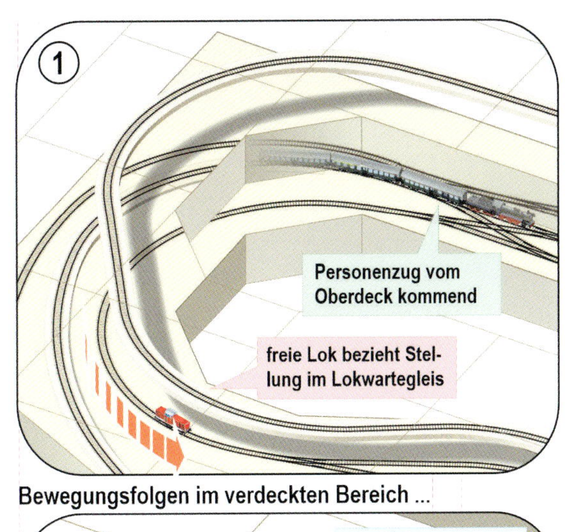

Bewegungsfolgen im verdeckten Bereich ...

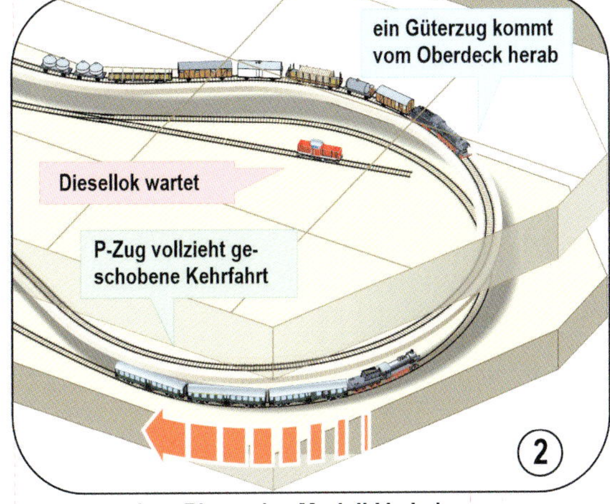

... einer Phase des Modell-Verkehrs ...

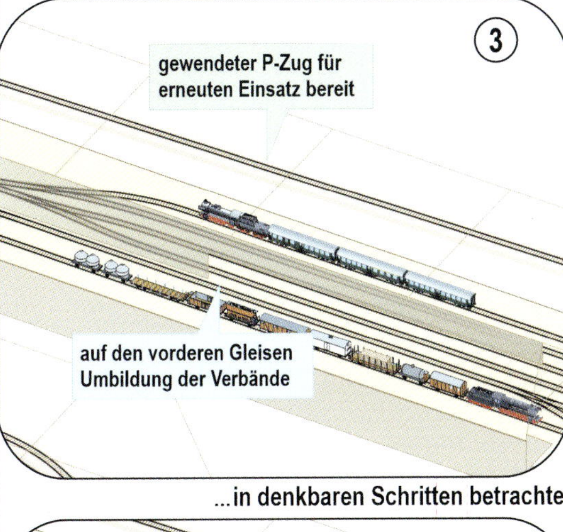

...in denkbaren Schritten betrachtet

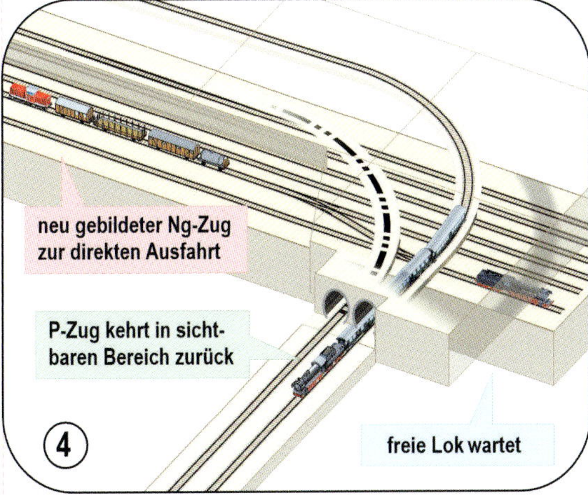

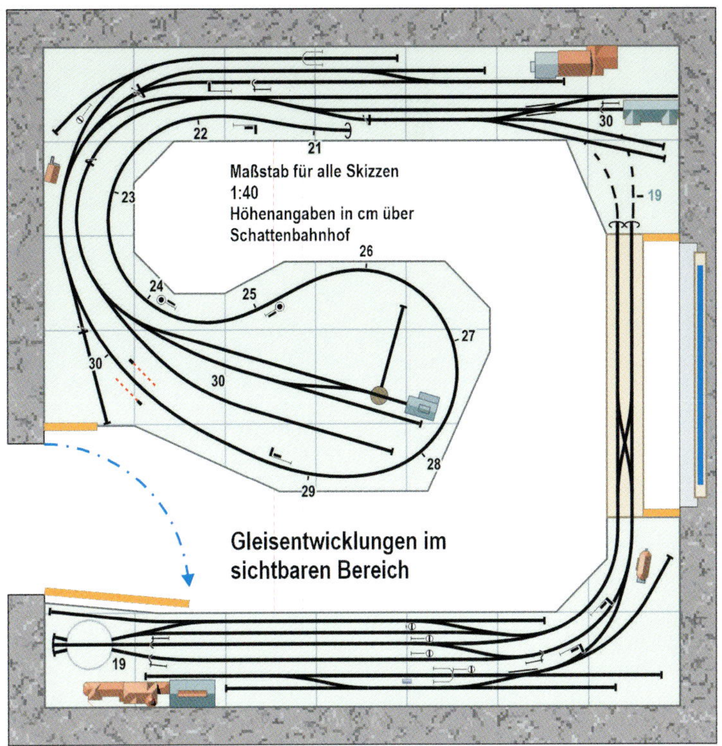

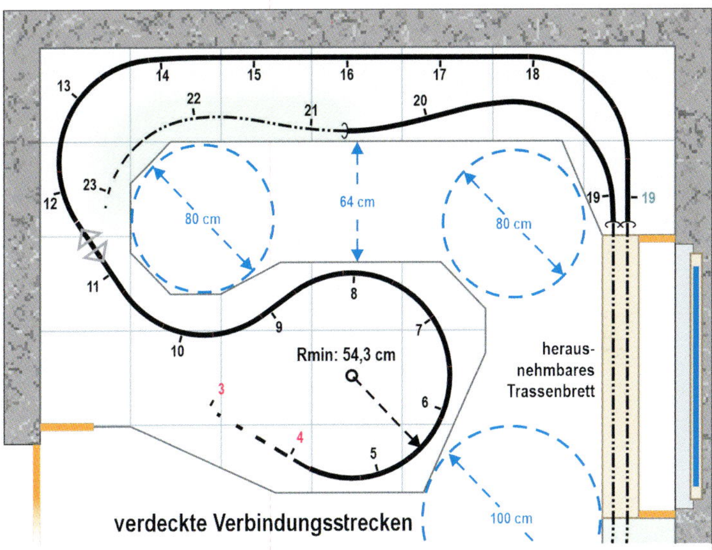

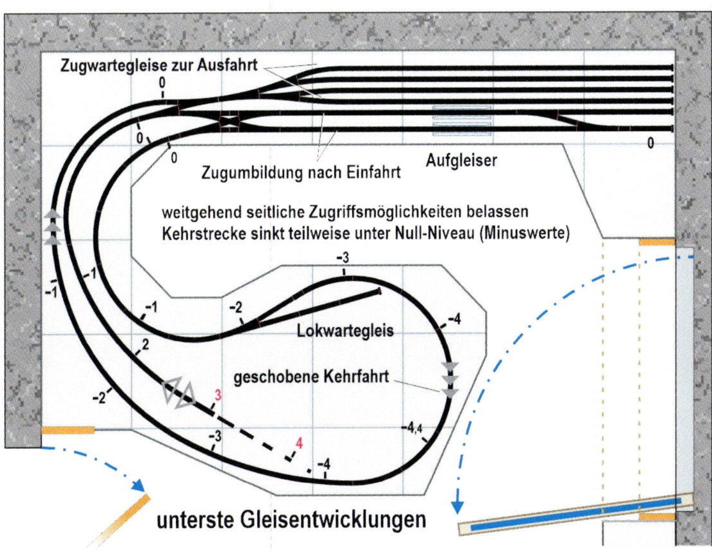

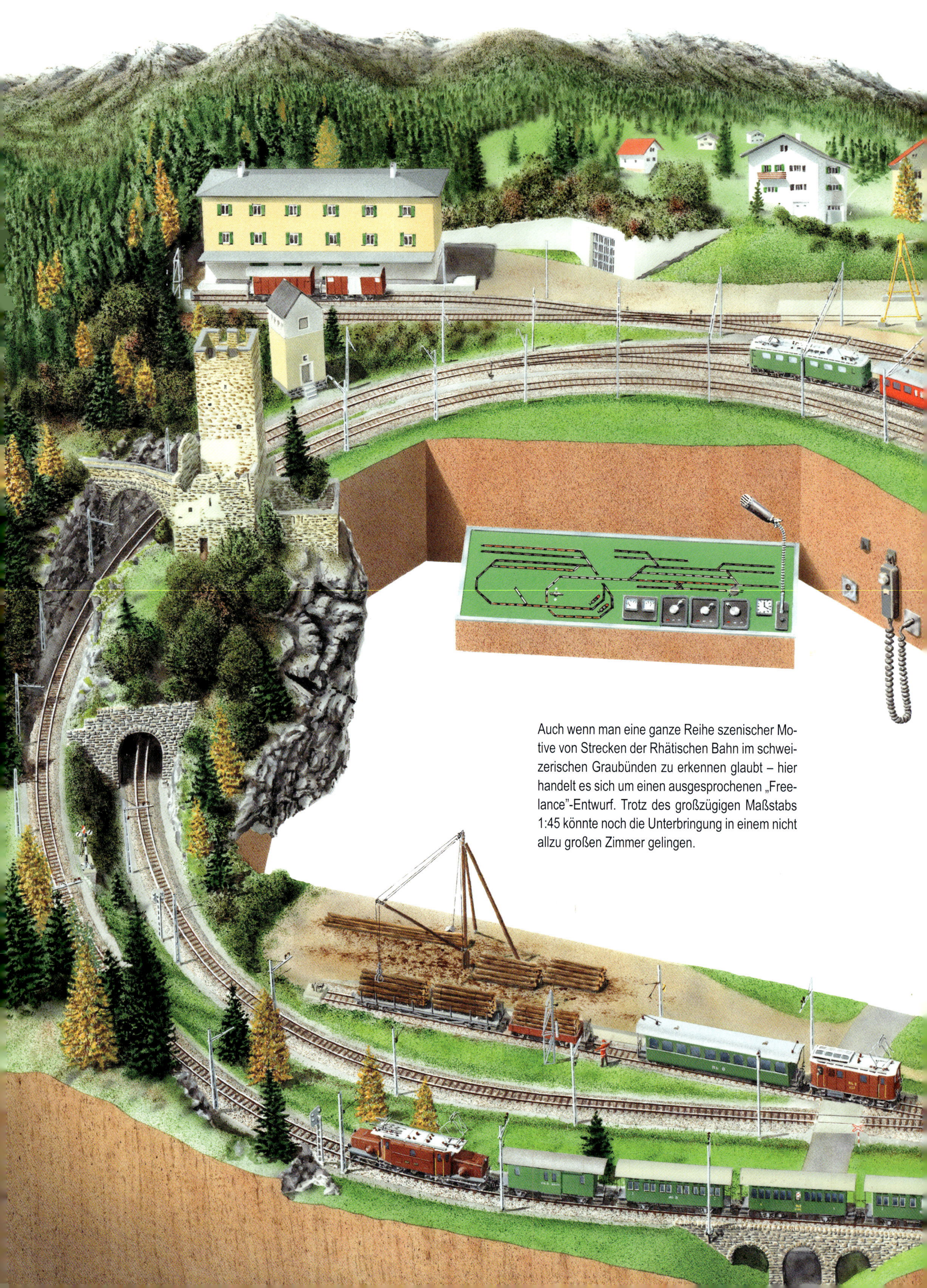

Auch wenn man eine ganze Reihe szenischer Motive von Strecken der Rhätischen Bahn im schweizerischen Graubünden zu erkennen glaubt – hier handelt es sich um einen ausgesprochenen „Freelance"-Entwurf. Trotz des großzügigen Maßstabs 1:45 könnte noch die Unterbringung in einem nicht allzu großen Zimmer gelingen.

„Hohencastel" in 0m

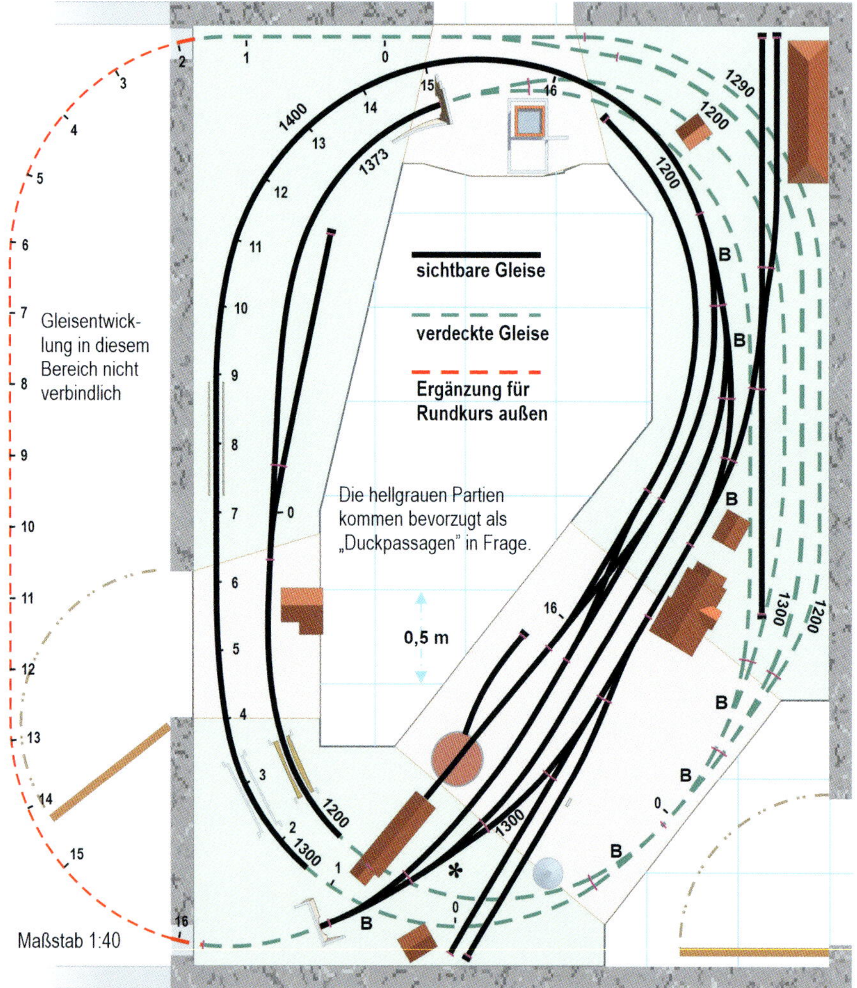

B = Bogenweiche mit 1.300 mm Abzweigradius

*Gerade Weiche mit leichter Innenbiegung verlegt

Dieses Projekt bewegt sich etwas abseits der gängigen Planungs-Leitlinien. Das betrifft zunächst einmal den Maßstab; hier wird das Verhältnis von 1:45 zum Vorbild in Ansatz gebracht, also die Baugröße 0 (sprich: Null). Einst wurde diese sogar als „klein" empfunden. Schließlich startete die Zählweise zunächst bei Spur I (1:32), auf die noch weitaus volumigere Baugrößen folgten: Spur II, III usw. Nach dem letzten Krieg waren alle diese, zumeist stark vereinfachten, zum Spielbetrieb gedachten Bahnen kaum mehr gefragt; jedoch sind sie heute wieder als nostalgisches „Tinplate" bekannt und sehr gesucht. Eine kleine Schar bedient sich dieser Maßstäbe immer noch, wobei dann aber auch hohen modellbahnerischen Ansprüchen zu genügen ist. Über lange Jahre hinweg konnte sich der Nuller fast ausschließlich nur mit raren hochpreisigen Kleinserienmodellen versorgen, sofern nicht von vornherein entschlossen zum Selbstbau geschritten wurde. Heute, angesichts eines wachsenden Angebots an anspruchsvollen und dennoch erschwinglichen Modellen, ist das Interesse an den großen Spuren aber wieder deutlich gewachsen.

Eine weitere Besonderheit betrifft die Wahl einer elektrifizierten meterspurigen Bahn als Vorlage. Hier wird sich an das Vorbild „Rhätische Bahn" im schweizerischen Graubünden gehalten. Zwar wird keine exakt lokalisierbare Situation nachgestellt, aber die gezeigten Einzelheiten orientieren sich eng an Merkmalen, wie sie bei den Bündner Strecken und Stationen mehrfach angetroffen werden können.

Im Vorschlag wird sich weitgehend des vom Hersteller Ferro-Suisse angebotenen Gleismaterials („Ferro-Flex", Spurweite 0m = 22,2 mm) bedient. Die Maße und Winkel der Weichen entsprechen bereits den beim Vorbild gegebenen Normen. Bezüglich der anzusetzenden Bogenradien und Nutzlängen würde man innerhalb gleichem räumlichen Rahmen selbst mit einem H0-Regelspur-Thema kaum ähnlich vorbildnah zurechtkommen! Es ist trotz allem kein Geheimnis, dass für eine Modellbahn im Maßstab 1:45, selbst bei Schmalspur, schon recht generöse Raummaße erforderlich sind. Es sei denn, es wird sich auf reine dioramenhafte Szenen-Ausschnitte beschränkt. So geht diese Planung von einem Zimmer mit den Maßen 5,0 x 3,5 m aus. Da der innere Bedienungsraum nur via „Duckpassagen" zu erreichen ist, muss die Anlage schon in beträchtlicher Höhe über dem Fußboden angeordnet werden, damit eine ausreichende Freiheit beim Drunterherkriechen gegeben ist. Im Untergrund müssen hinlängliche Einsicht- und Zugriffsmöglichkeiten zu den Schattengleisen vorgesehen werden, damit ein kontrolliertes und sicheres Umsetzen der Zugloks gewährleistet ist.

Als Grundkonzeption wurde eine Strecke von sichtbarem Endbahnhof zu verdeckten Einsatzgleisen vorgesehen, ergänzt durch einen partiell sichtbaren Rundkurs. Falls es die Möglichkeiten erlauben, ließe sich, wie angedeutet, noch eine weitere Streckenentwicklung in benachbarte Räumlichkeiten anschließen.

Als thematische Idee diente ein einmal bei der RhB angedachtes Projekt zu einer zusätzlichen Anbindung des Engadins von Norden her. Für die weitere Betrachtung hier soll es genügen, dass der Anschluss im Norden nahe der realen Station Tiefencastel erfolgt wäre. Unserer Modellstation wurde darum beziehungsreich der Name „Hohencastel" zugeteilt. Die augenblicklich noch stumpf in einem Tunnel endenden Gleise deuten die vorgesehene Fortsetzung Richtung Süden an. Über die durchs Nachbarzimmer führenden Gleise werden danach erneut die Schattengleise erreicht. Im Kleinen könnte gedachtermaßen so die geplante Anbindung des Engadin vollendet werden. In der Station Hohencastel liefern der aufragende Zementsilo und hier umgeschlagene Baumaschinen schon einmal einen Hinweis auf bevorstehende Streckenbau-Aktivitäten in der Nachbarschaft.

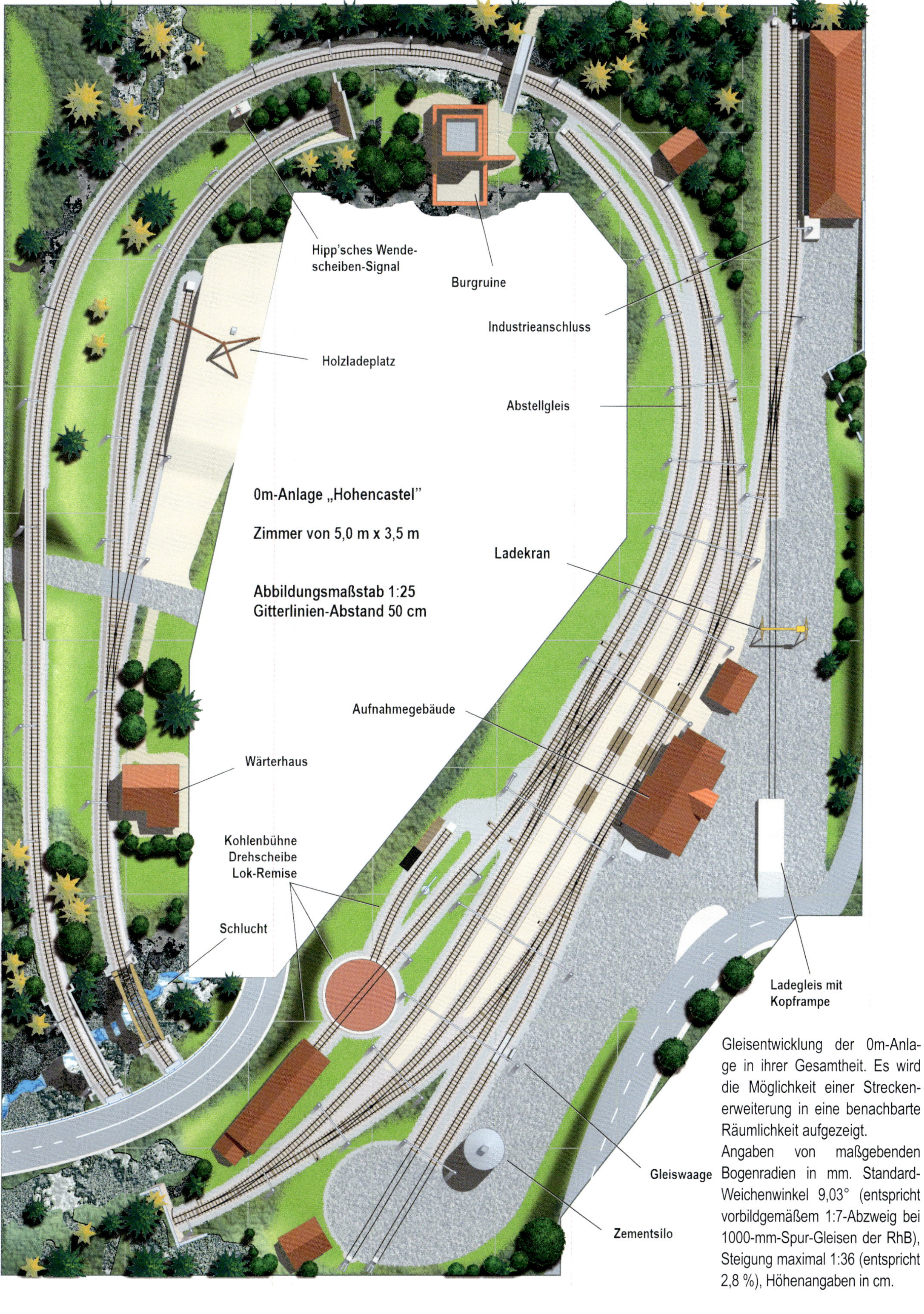

Gleisentwicklung der 0m-Anlage in ihrer Gesamtheit. Es wird die Möglichkeit einer Streckenerweiterung in eine benachbarte Räumlichkeit aufgezeigt. Angaben von maßgebenden Bogenradien in mm. Standard-Weichenwinkel 9,03° (entspricht vorbildgemäßem 1:7-Abzweig bei 1000-mm-Spur-Gleisen der RhB), Steigung maximal 1:36 (entspricht 2,8 %), Höhenangaben in cm.

Rangierwinkel

Ein eigens reserviertes Zimmer stellt verständlicherweise die besonders favorisierte Räumlichkeit zur Unterbringung der Modellbahn dar. Doch stehen oftmals noch andersartige Ansprüche solcher exklusiven Nutzung entgegen. Selbst wenn sich einiges an Wandfläche anbietet, um daran entlang Modellschienen zu erstrecken, bleibt dennoch häufig nicht der nötige Raum, um auch Kehrbögen anlegen zu können, was überhaupt erst ein „regelrechtes" abgerundetes Streckenkonzept ermöglicht.

Trotzdem ist noch immer einiges möglich, damit sich ein interessanter Modell-Verkehr entfalten kann. Dieser Anlagentyp in Form eines begrenzten Ausschnitts – mit lediglich reduzierten Fahrmöglichkeiten zu den Enden – wird häufig als „Betriebsdiora-

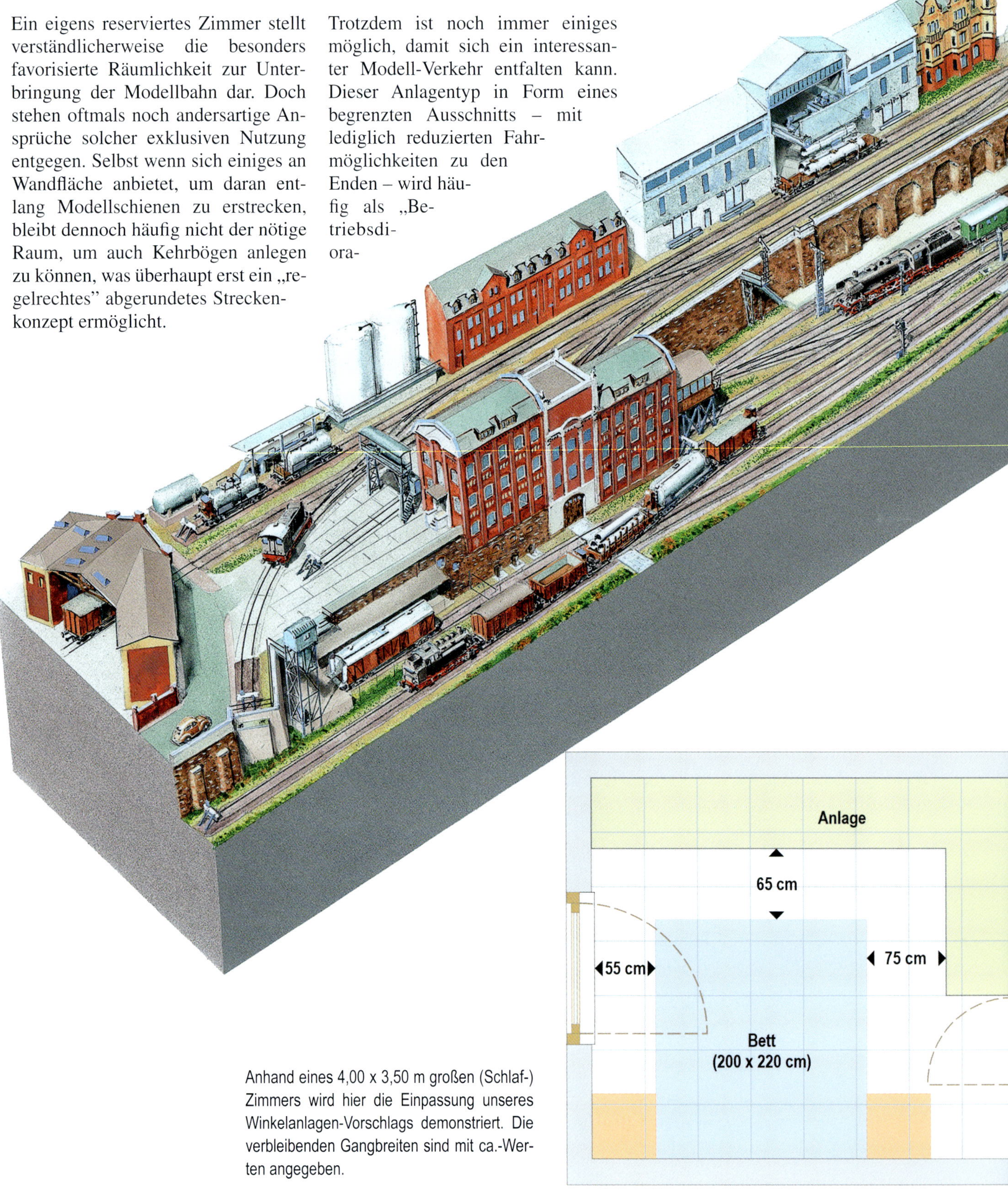

Anhand eines 4,00 x 3,50 m großen (Schlaf-) Zimmers wird hier die Einpassung unseres Winkelanlagen-Vorschlags demonstriert. Die verbleibenden Gangbreiten sind mit ca.-Werten angegeben.

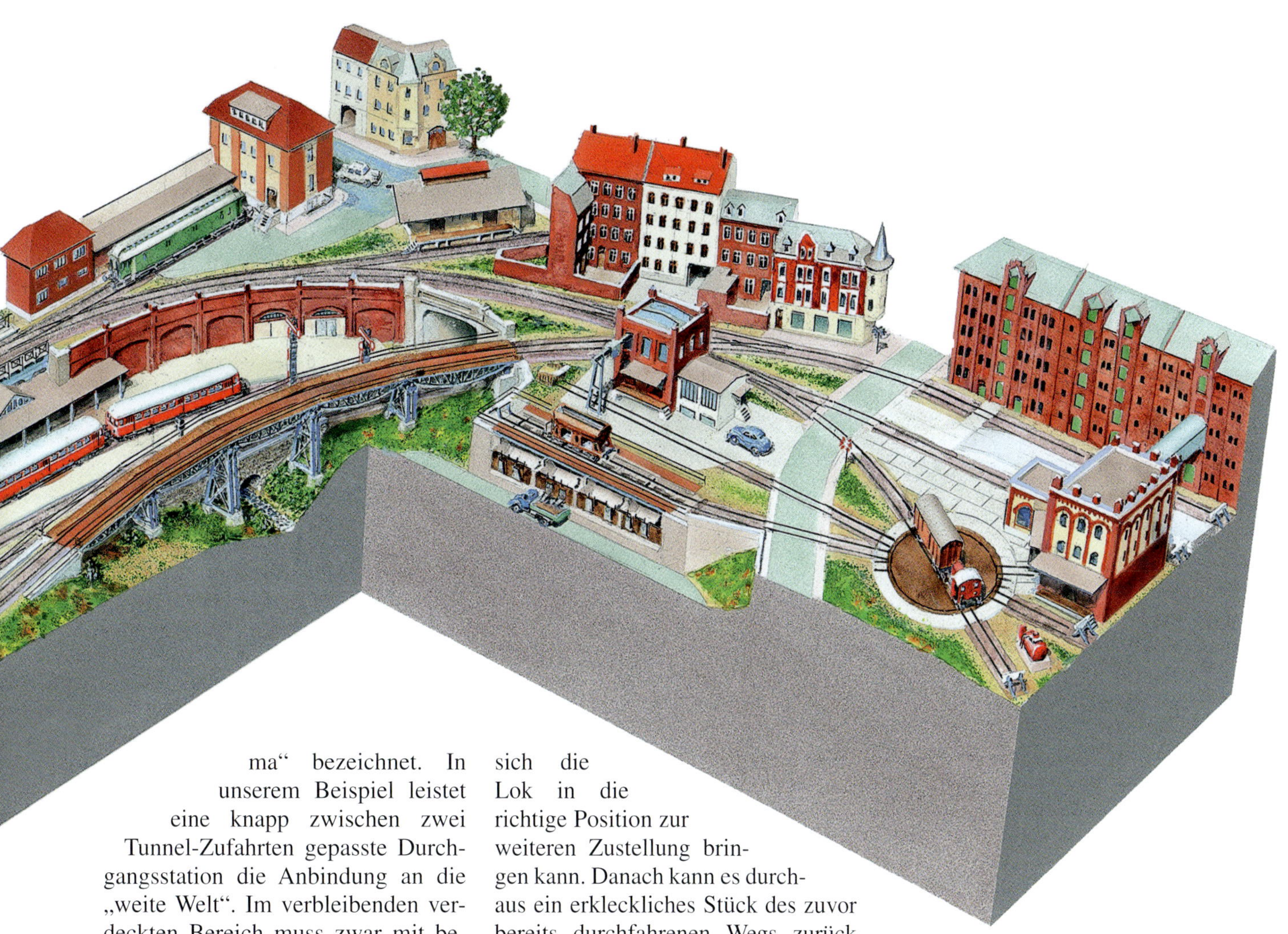

ma“ bezeichnet. In unserem Beispiel leistet eine knapp zwischen zwei Tunnel-Zufahrten gepasste Durchgangsstation die Anbindung an die „weite Welt“. Im verbleibenden verdeckten Bereich muss zwar mit beschränkten Kapazitäten ausgekommen werden. Demhingegen eröffnet dann aber ein weiter leitender Streckenast ein äußerst umfangreiches Rangierangebot. Dieses „Stammgleis“ wird über mehrere Spitzkehren in die Höhe geführt, wo schließlich eine ganze Reihe unterschiedlicher Ladestellen erreicht wird. Dieser Abschnitt könnte auch als privat betriebenes Bahn-Unternehmen angesehen werden. Hier ist auch der Einsatz gesondert dafür ausgewiesener Loks gerechtfertigt.

Die Bedienung der Anschlussbahn sollte in der Regel in Form gesammelter Übergabe-Fuhren erfolgen. In einigen Sonderfällen, zum Beispiel der Überstellung des Postwagens, kommt auch ein Solo-Transport in Betracht. Von einer sich bergauf bewegenden Rangierabteilung werden die am Wege liegenden Ladestellen unmittelbar bedient, wenn die Wagen in einen freien Gleisstumpf geschoben werden können, ohne dass dabei die Lok gefangen würde. Oft wird aber ein gewisses Kontingent zunächst bis zur „Umfahrstelle“ befördert werden müssen, wo sich die Lok in die richtige Position zur weiteren Zustellung bringen kann. Danach kann es durchaus ein erkleckliches Stück des zuvor bereits durchfahrenen Wegs zurück gehen. Etwa hin zur Verteiler-Drehscheibe, wo dann eine Kleinlok den weiteren Verschub übernimmt. Zuvor allerdings müssen bereits versandfertig in der Ladestelle stehende Wagen abgezogen worden sein, bevor eine erneute Zustellung erfolgen kann.

Solcherart zur Abfuhr „nach außerhalb“ bereitstehende Wagen wollen, eventuell wiederum in der „Umfahrstelle“, zu Übergabeabteilungen hinab zum Bahnhof im Tal gesammelt werden. Dabei sollte darauf geachtet werden, dass sie bereits in Gruppen für eine der beiden Abgangsrichtungen in den Schattenbereich zusammengestellt werden, damit später das Einstellen in den betreffenden Nahgüterzug möglichst zügig vonstatten gehen kann.

Wo ein solch reichhaltiges Rangiergeschehen stattfinden soll, kann nicht ohne geeignete Mittel zur Zielzuweisung der Wagenkurse ausgekommen werden. Mittlerweile haben sich hierzu etliche Methoden etabliert, am bekanntesten dürfte das „Frachtzettel/Wagenkarten-System“ sein, dessen man sich beispielsweise beim FREMO auf seinen Modul-Treffen bedient. Hier darf angesichts des relativ übersichtlichen Ladestellen-Angebots und nicht gerade überbordenden Wagen-Kontingents die „Zettelwirtschaft“ auch etwas vereinfacht und gestrafft Anwendung finden.

Für den einzelnen Wagen kommt in aller Regel nur eine Handvoll ausgewählter Ladepunkte in Betracht; diese sind von vornherein auf der zugehörigen Wagenkarte vermerkt. Das augenblicklich vorgegebene Laufziel wird mittels einer daraufgesetzten Büroklammer vermerkt. Eine weitere Klammer liefert Hinweise auf Ver-

Als szenisches Umfeld der schmalen Anlage bietet sich ein mittel- bis großstädtischer Vorortbezirk an, der mit vielfältigen Betrieben und Wohnbebauung durchmischt ist. Eine beidseitig durch Tunnel herangeführte Strecke führt durch eine recht beengt angelegte Station, wo eine über mehrere Spitzkehren geführte Anschlussbahn zu den gewerblichen Anrainern ihren Anfang nimmt.

fügbarkeit, Abfuhrrichtung oder Stillstand beim Ladevorgang. Wie der angezeigte Status abgeändert wird, dazu mag man sich eigene Verfahren und Routinen ausdenken. Die hervorgehobene Fahrziel-Kennung mit Farbcodes soll hier in erster Linie zum rascheren Verständnis der aufillustrierten Bewegungsschritte dienen. Bei ähnlichen Projekten wäre das noch kein unabdingbares Erfordernis.

Die begrenzten Nutzungsmöglichkeiten des verdeckten Bereichs legten einige spezielle Verfahren nahe. Wollte man Gleise wie üblich in Harfenform anbinden, ginge allein durch die Weichen in der Zufahrt viel an erwünschter Nutzlänge verloren. So kam der Drehwinkel ins Spiel, auf dem drei Züge geparkt werden

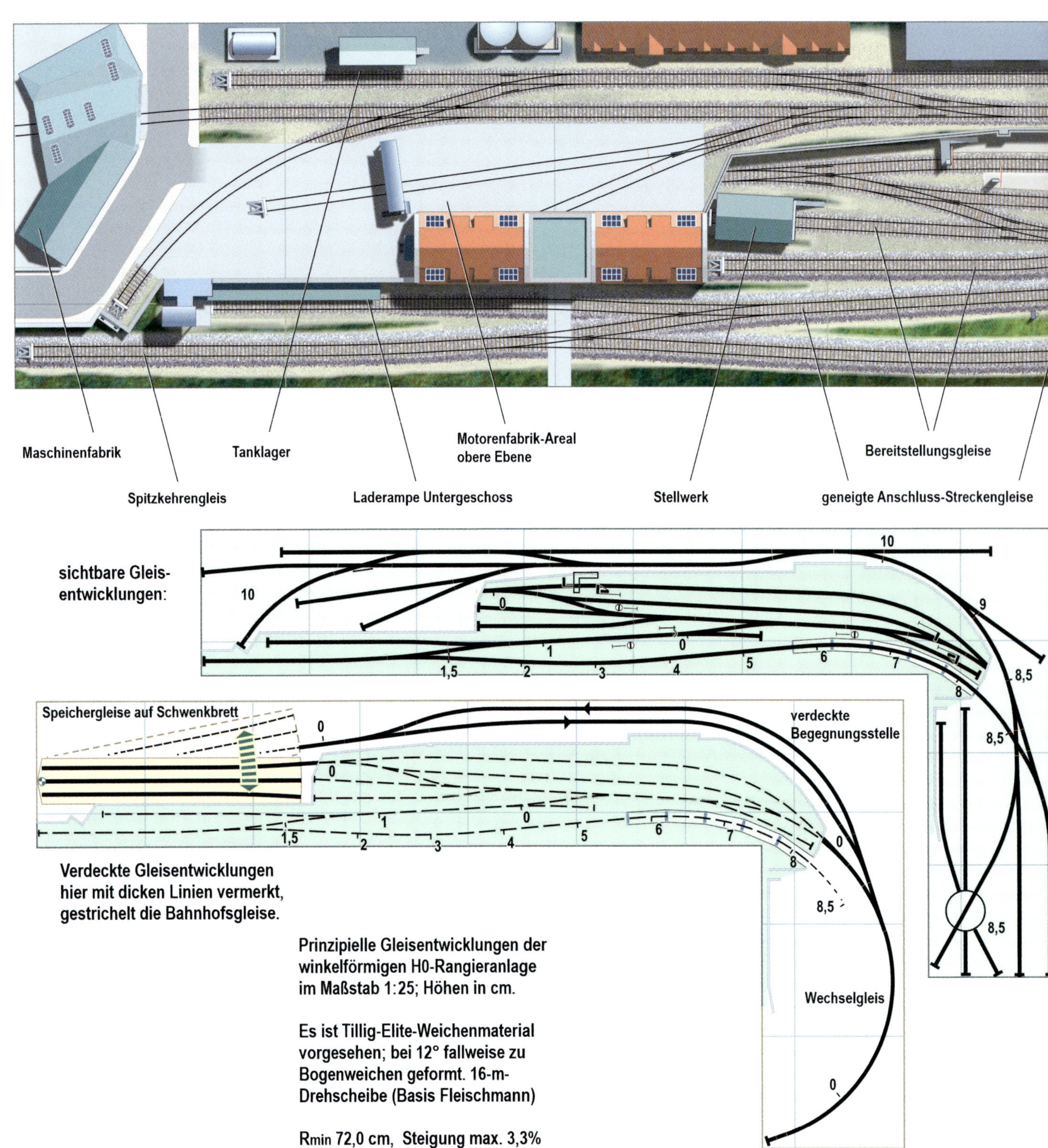

Prinzipielle Gleisentwicklungen der winkelförmigen H0-Rangieranlage im Maßstab 1:25; Höhen in cm.

Es ist Tillig-Elite-Weichenmaterial vorgesehen; bei 12° fallweise zu Bogenweichen geformt. 16-m-Drehscheibe (Basis Fleischmann)

R_{min} 72,0 cm, Steigung max. 3,3%

können, die auch den Kapazitäten innerhalb der sichtbaren Station genügen. Auf die Art und Weise, wie solche Schwenkplattform aufgebaut, in Gang gesetzt und überwacht wird, soll hier allerdings nicht näher eingegangen werden.

der zum Hintergrund abschließenden Bauten eine Darstellung im Halbrelief, unter Fortlassen der Rückfronten, erforderlich. Der geringen räumlichen Tiefe lässt sich wohl mit einer einfühlsam angepassten Hintergrundkulisse hinlänglich entgegenwirken.

Dieses Konzept bietet sicher nicht gerade das, was der Besitzer eines reichhaltigen Fahrzeugparks und Liebhaber schneller Zugfahrten erwartet. Dafür sollte es den Freund lebhaften Rangierbetriebs umso mehr zufriedenstellen können.

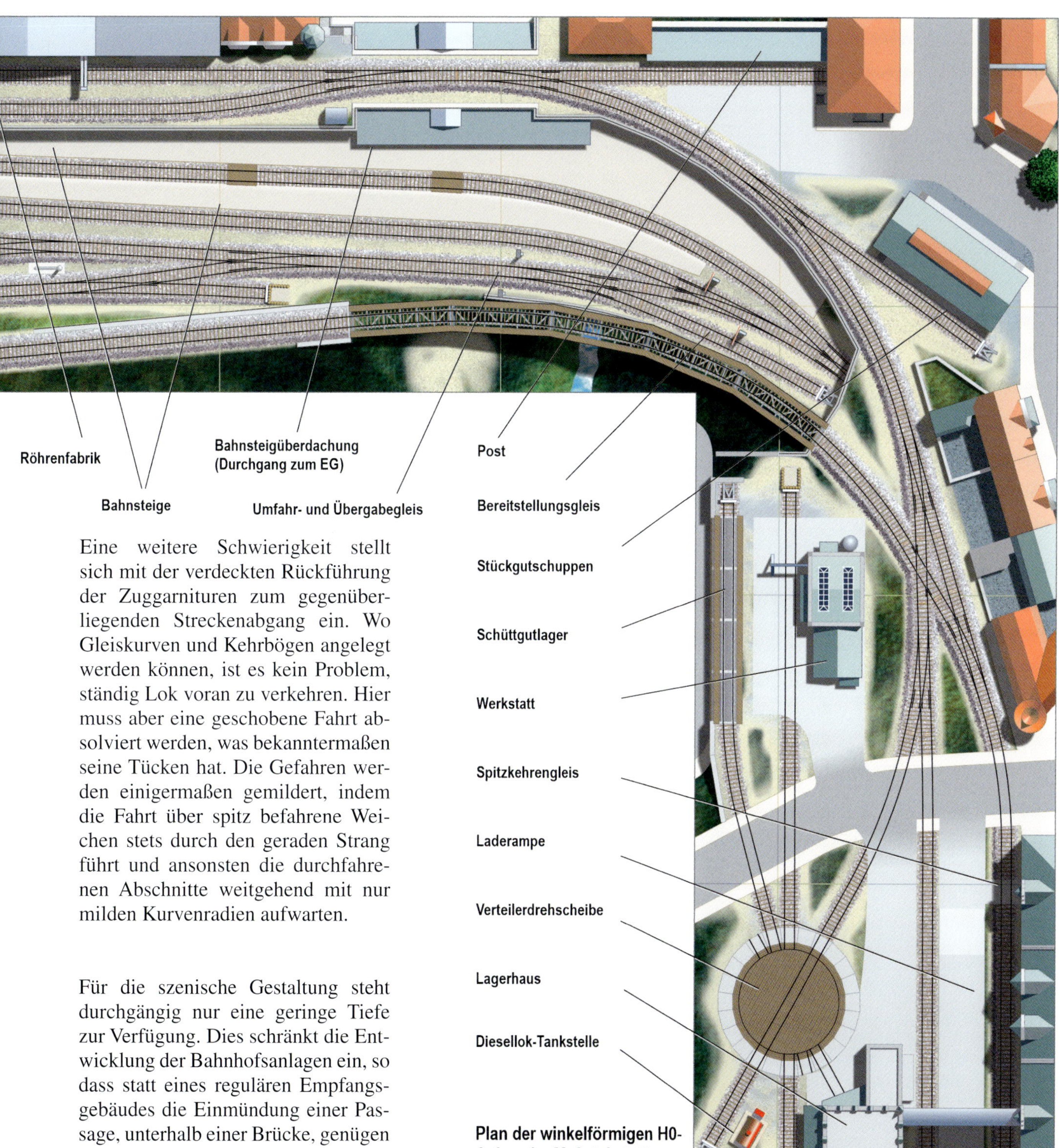

Plan der winkelförmigen H0-Anlage im Maßstab 1:10

Eine weitere Schwierigkeit stellt sich mit der verdeckten Rückführung der Zuggarnituren zum gegenüberliegenden Streckenabgang ein. Wo Gleiskurven und Kehrbögen angelegt werden können, ist es kein Problem, ständig Lok voran zu verkehren. Hier muss aber eine geschobene Fahrt absolviert werden, was bekanntermaßen seine Tücken hat. Die Gefahren werden einigermaßen gemildert, indem die Fahrt über spitz befahrene Weichen stets durch den geraden Strang führt und ansonsten die durchfahrenen Abschnitte weitgehend mit nur milden Kurvenradien aufwarten.

Für die szenische Gestaltung steht durchgängig nur eine geringe Tiefe zur Verfügung. Dies schränkt die Entwicklung der Bahnhofsanlagen ein, so dass statt eines regulären Empfangsgebäudes die Einmündung einer Passage, unterhalb einer Brücke, genügen muss. Auch ist für eine ganze Reihe

Die Bewegung von Güterwagen sollte eigentlich auf jeder „echten" Modellbahn-Anlage nachvollziehbaren Transport-Bedürfnissen folgen. Hierzu gilt es, sich geeigneter Mittel zur Festlegung des Transportwegs und Reihenfolge der Behandlungsschritte zu bedienen.

Eine günstige Methode bietet sich mit der Zuteilung von Laufzielkarten für jeden eingesetzten Waggon. Die Zielangabe erfolgt hier durch Verschieben einer Büroklammer auf das Farbfeld einer bestimmten Ladestelle (wie in folgenden Rangierbeispielen gezeigt).

frei
LüP (HO) 20,0 cm
SS (Köln)
m. Bremserhaus
Sonderplan
Werkstatt
Maschinenfabrik
Überladekran
Laderampe
Röhrenwerk Kran
frei
LüP (HO) 10,5 cm
Otmm 57
Sonderplan
Schüttgutlager
Motorwerk tief
Freiladegleis
frei
LüP (HO) 15,0 cm
Glmehs 50
Sonderplan
Post
Stückgutschuppen
Maschinenfabrik
Motorwerk tief
Motorwerk hoch
Röhrenwerk Tor 1
Laderampe

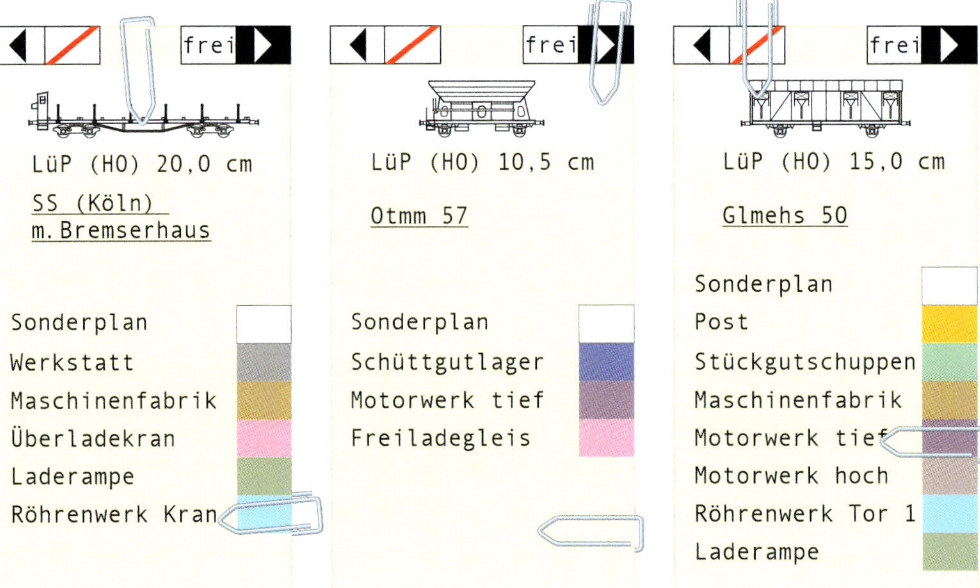

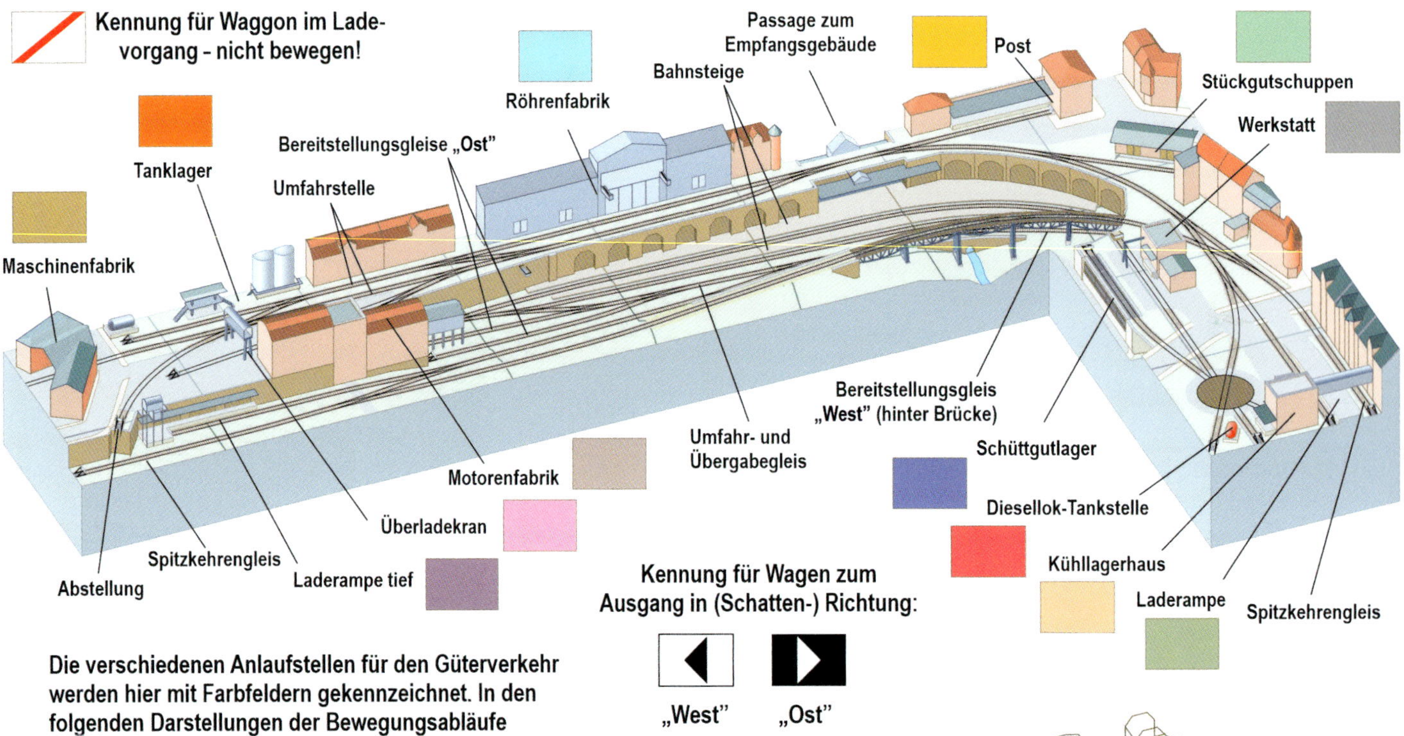

Kennung für Waggon im Ladevorgang - nicht bewegen!
Passage zum Empfangsgebäude
Post
Stückgutschuppen
Bahnsteige
Röhrenfabrik
Werkstatt
Tanklager
Bereitstellungsgleise „Ost"
Umfahrstelle
Maschinenfabrik
Bereitstellungsgleis „West" (hinter Brücke)
Umfahr- und Übergabegleis
Schüttgutlager
Motorenfabrik
Diesellok-Tankstelle
Überladekran
Kühllagerhaus
Spitzkehrengleis
Abstellung
Laderampe tief
Laderampe
Spitzkehrengleis
Kennung für Wagen zum Ausgang in (Schatten-) Richtung:
„West"
„Ost"

Die verschiedenen Anlaufstellen für den Güterverkehr werden hier mit Farbfeldern gekennzeichnet. In den folgenden Darstellungen der Bewegungsabläufe werden die betreffenden Gebäude und Einrichtungen mit entsprechender Farbgebung hervorgehoben.

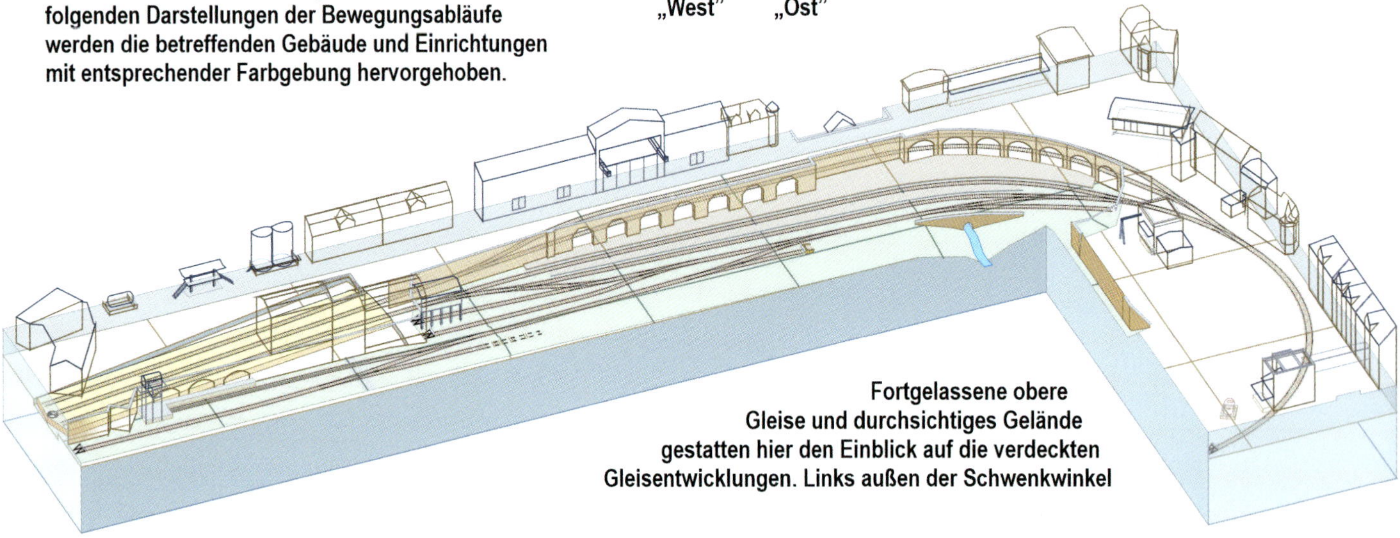

Fortgelassene obere Gleise und durchsichtiges Gelände gestatten hier den Einblick auf die verdeckten Gleisentwicklungen. Links außen der Schwenkwinkel

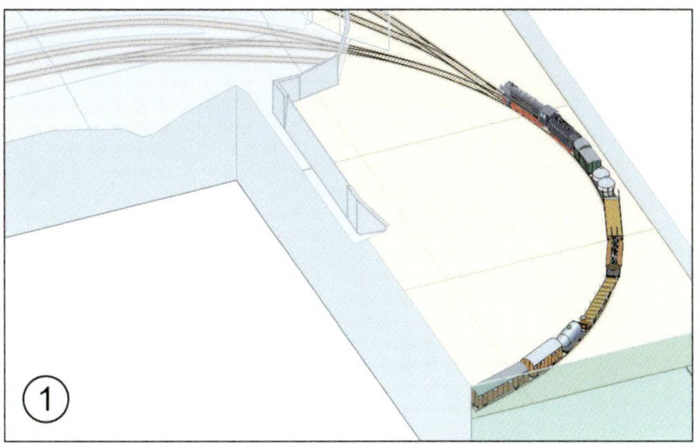

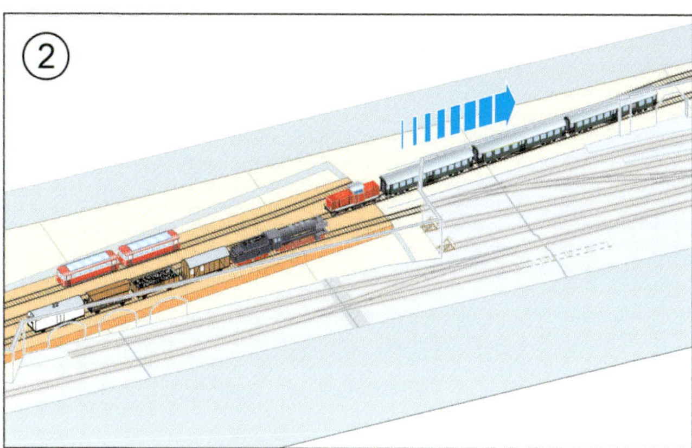

Der als Erster am Betriebstag verkehrende Nahgüterzug wartet auf dem rechten verdeckten Spitzkehrengleis. Da er direkt von dort eingesetzt wird und nicht über die Weiche umsetzen muss, darf er auch eine gewisse Überlänge besitzen. Alle anderen Garnituren müssen auf die Nutzlängen dieses Spitzkehrengleises und der Gleise des Schwenkwinkels begrenzt bleiben. Die zum Übergang bestimmten Wagen sollten gruppiert am hinteren Ng-Ende stehen.

Obwohl es bis zu ihrem offiziellen Auftritt noch eine Weile dauert, muss die in unserem Betriebsbeispiel als „Eilzug" fungierende Garnitur ihr Gleis auf dem Schwenkwinkel räumen. Es wird nämlich alsbald für Auszieh-Bewegungen vom sichtbaren Bahnhof her benötigt. Alle Bewegungen durch die verdeckte Begegnungsstelle müssen in Schiebefahrt erfolgen. Zur Sicherheit verläuft der Fahrweg spitz zur Weiche darum stets über den geraden Strang.

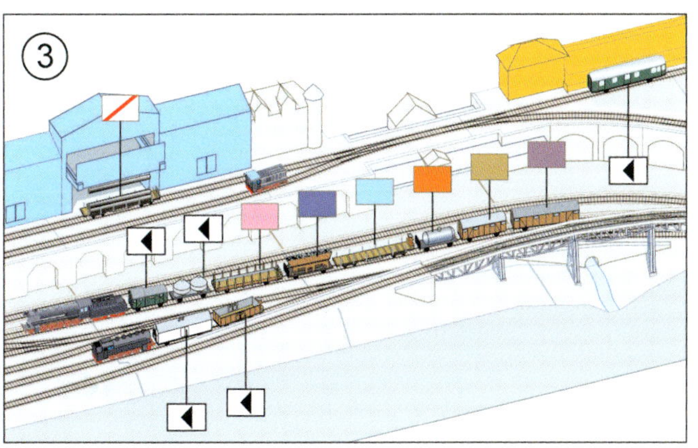

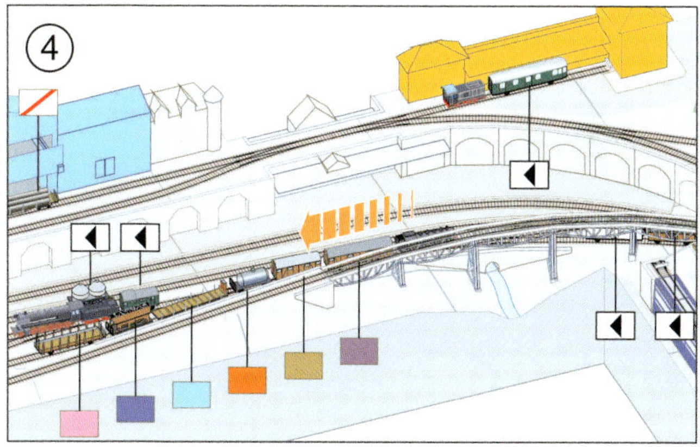

Die ersten Aktivitäten auf dem sichtbaren Anlagenteil sind in Gang gekommen. Der von Ost nach West verkehrende Nahgüterzug läuft auf dem Überholgleis des Bahnhofs ein. Von der Anschlussstrecke her liefert die hier beschäftigte Tenderlok Wagen an, die zum Ausgang mit diesem Nahgüterzug bestimmt sind. Den oben im Ladevorgang befindlichen SS-Wagen darf die sich alsbald mit dem Postwagen beschäftigende V 36 vorerst natürlich nicht bewegen.

Auf dem Bereitschaftsgleis neben der Brücke stehen jetzt die zum Ausgang bestimmten Wagen. Die Tenderlok hat mittlerweile die für die hiesigen Kunden bestimmten Waggons vom Nahgüterzug abgezogen. Hier sieht man diese Fuhre bereits auf dem ersten geschobenen Anstieg zu den höhergelegenen Partien. Die Ng-Lok hat sich samt Packwagen vom verbleibenden „Zugstamm" (heute ein einsamer Kds) getrennt, um dann die ausgehenden Wagen anzukuppeln.

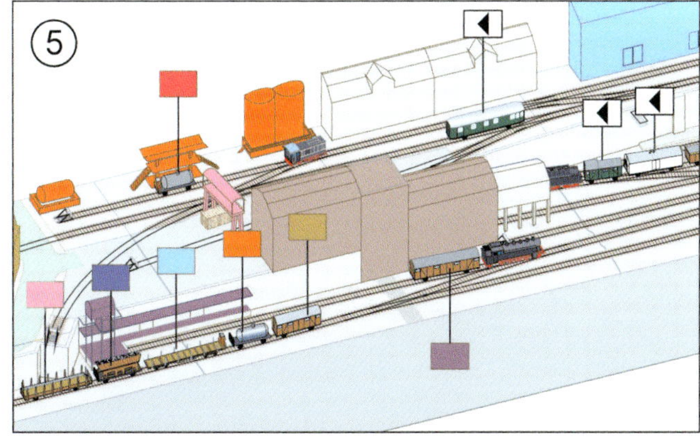

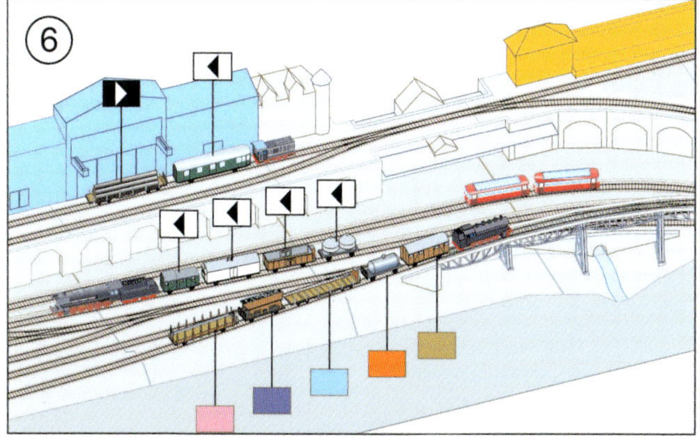

Am rechten Bildrand sieht man gerade die Umstellungsbewegung der neu aufgenommenen Wagen an den Ng-Zugstamm, deretwegen zuvor ja ein Gleis auf dem verdeckten Schwenkwinkel freigeräumt werden musste. Beim ersten Spitzkehrenhalt wird bereits ein Wagen an die Ladestelle im Untergeschoss der Motorenfabrik zugestellt. Für die Weiterfahrt wäre der Verband auch zu lang gewesen, da das Spitzkehrengleis nicht alle sechs Wagen plus Lok aufnehmen kann.

Nun muss der umgebildete Nahgüterzug noch die Ankunft eines Schienenbusses aus der Gegenrichtung abwarten. Die V 36 hat mittlerweile den von ihr zu überstellenden Postwagen umfahren, damit später die Übergabe an einen Eilzug rasch vonstatten gehen kann. Vorerst muss sie jedoch auf einem passenden Gleisrest ausharren, bis die bergwärtige Fuhre mit der Tenderlok vorbei ist. Den fertig beladenen SS-Wagen dürfte sie dafür jetzt aber bewegen.

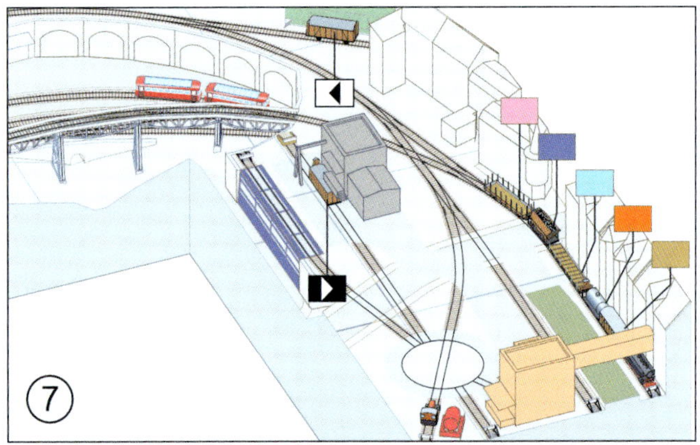

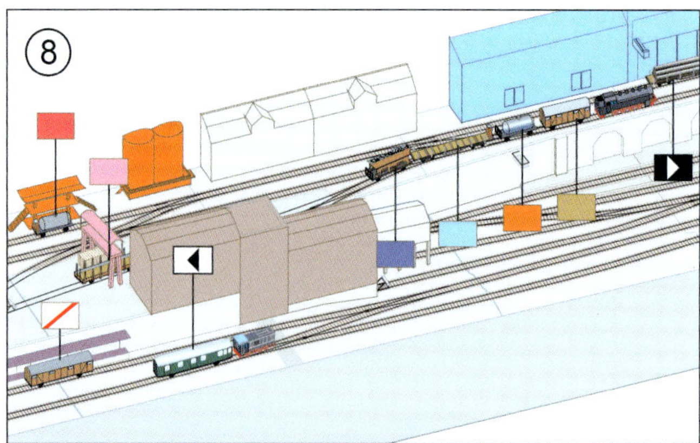

Während der Schienenbus nach rechts in den Untergrund entschwindet, hat die Übergabeabteilung auf der Anschlussbahn die zweite Spitzkehre erreicht und setzt nach Umlegen der Weiche den Weg zum obersten Bereich fort. Im benachbarten Bezirk obliegt das Rangiergeschäft einer Kleinlok. Nur sie passt zusammen mit einem hier zuzustellenden Wagen auf die Drehscheibe, von der aus mehrere der Ladestellen ausschließlich zu erreichen sind.

Endlich hat die Übergabeabteilung das Ende der Anschlussbahn erreicht und hat schon einen weiteren Wagen an seine vorbestimmte Ladestelle, den Bockkran auf dem Werkshof, verbracht. Hier sieht man den Verband bereits wieder aus diesem Bereich herausziehen. Unten erblickt man die Diesellok, die nunmehr mit ihrem Postwagen die Spitzkehrentour abwärts absolviert. Ihr Weg ist nach dem Passieren der Übergabe mit der Tenderlok freigeworden.

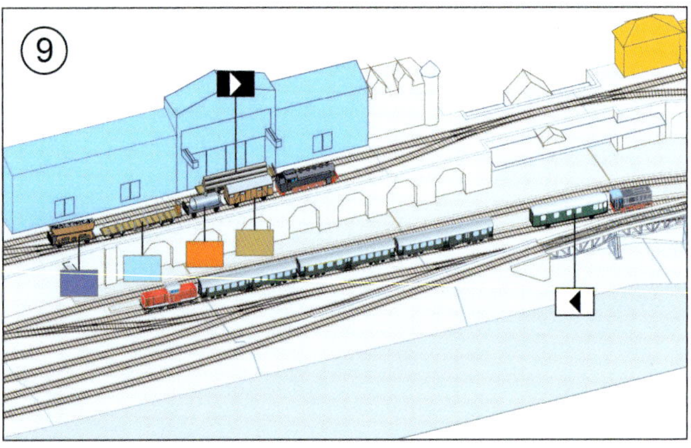

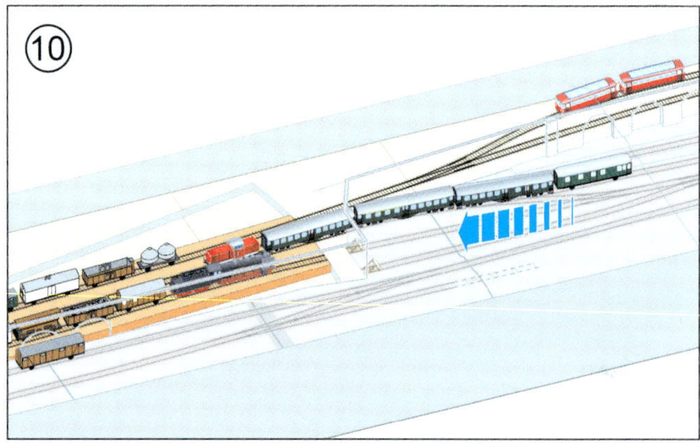

Mittlerweile ist im Bahnhof ein Eilzug eingetroffen, an den nun die V 36 den Postwagen hinten anhängt. Oben schiebt die Tenderlok ihren Verband jetzt in das äußere Ausweichgleis und stellt dort die letzten drei Wagen mittelfristig ab. Mit dem G-Wagen am Haken zieht sie zurück und schiebt ihn dann an seinen Zielort, der Maschinenfabrik am linken Rand. Danach verbringt sie den mitgebrachten Kesselwagen zunächst auf die aus Abb. 12 ersichtliche Position.

Um den Postwagen ergänzt, entschwindet der Eilzug wieder in die Ferne, sprich den Schattenbereich. Zuvor musste natürlich erst einmal der Schwenkwinkel mit dem noch freien Gleis auf den Streckenabgang ausgerichtet werden. In der verdeckten Ausweichstelle muss der mittlerweile dorthin gelangte Schienenbus noch eine Weile warten, bis auch für ihn wieder mal ein Gleis auf dem Schwenkwinkel frei wird.

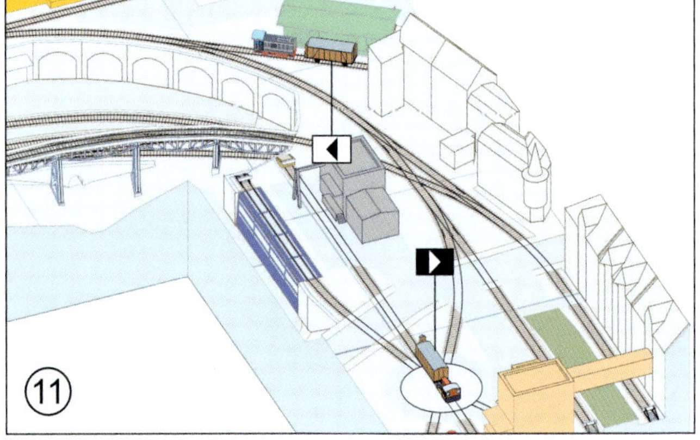

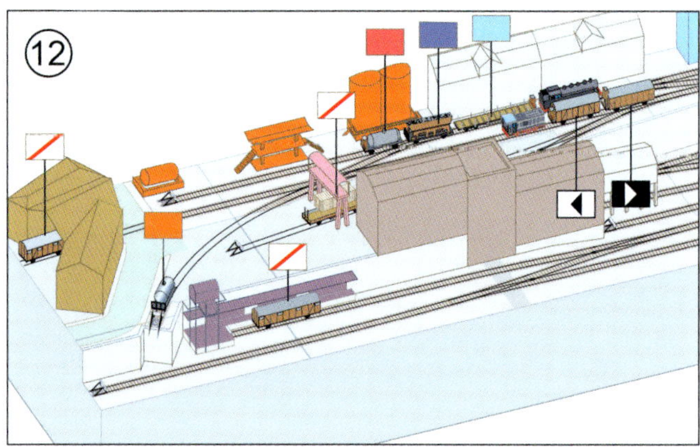

Nach der Episode mit der Postwagen-Überstellung ist die V 36 wieder in die oberen Bereiche der Anschlussstrecke zurückgekehrt und macht sich nunmehr mit dem Einsammeln weiterer zum Ausgang fertiger Waggons nützlich. Auch bei der Köf wurde der Motor angeworfen und sie zieht nun einen Waggon von der Werkstatt auf die Drehscheibe. Nach Schwenken der Bühne wird ihn die V 36 mitsamt dem bereits angehängten Wagen übernehmen.

Aus dem Tanklager muss der dort ausgangsfertig stehende Kesselwagen logischerweise erst einmal abgezogen werden, bevor der neu herangeführte Tankwagen an die Befüllungsplattform gelangen kann. Der zwar zusammengekuppelte Verband sollte trotzdem noch nicht vollständig aus dem Anschluss gezogen werden, selbst nachdem mit Eintreffen der Diesellok und ihrer Wagen der Weg dafür frei wäre.

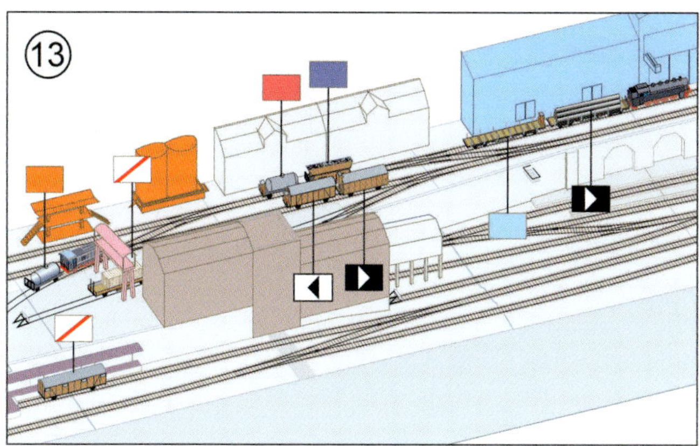

Am einfachsten gestaltet sich der Austausch der S-Wagen beim Röhrenwerk, indem die von rechts kommende Tenderlok mit dem beladenen Waggon den Leerwagen unter den Werkskran zieht. Mit dieser Bewegung konnte zuvor auch noch der weitere links stehende Wagenpark endgültig aus dem Tanklagergleis herausgezogen werden. Nunmehr hat die Diesellok leichtes Spiel mit der endgültigen Zustellung des neuen Kesselwagens an sein Laufziel.

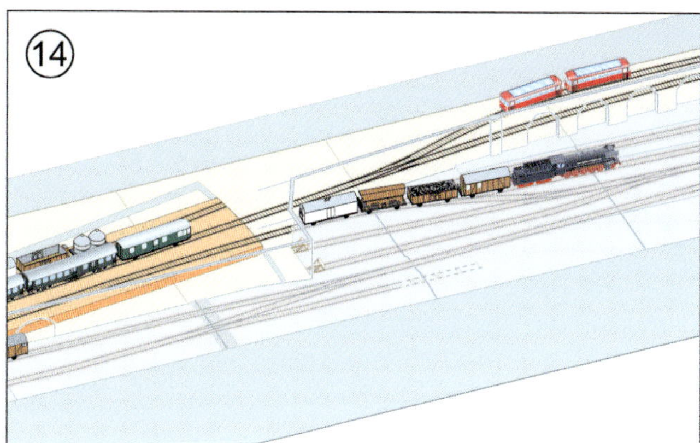

Dies tut sich mittlerweile eine Etage tiefer: Die Schwenkbühne wurde so eingestellt, dass nunmehr der erklärtermaßen von West nach Ost verkehrende Nahgüterzug seine Bedienungsfahrt durch den auf dem sichtbaren unteren Niveau repräsentierten Bahnhof antreten konnte. Hier sollen die im nächsten Bild entsprechend gekennzeichneten Waggons dann wieder mit einer auf der Anschlussbahn verkehrenden Übergabeabteilung getauscht werden.

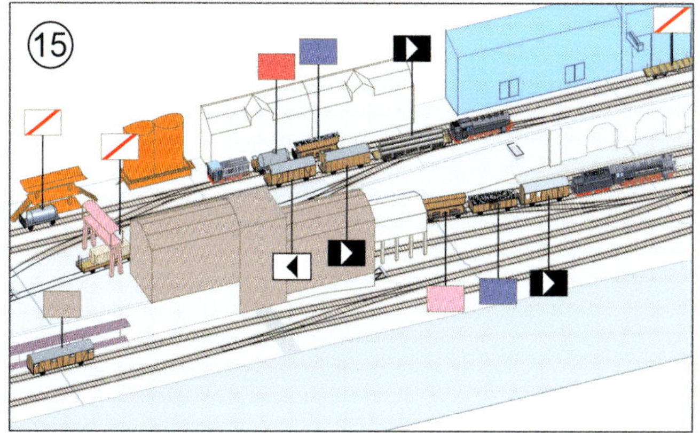

So stellt sich der in Abb. 14 gezeigte Moment in der Gesamtschau des sichtbaren Bereichs dar. Oben dampft gerade die zusammengestellte Abteilung zum Übergang auf verschiedene Schatten-Ziele los. Um die weitere Zustellung der hier oben noch verbliebenen Waggons zu wartenden Kunden wird sich die Diesellok kümmern. Sie wird diese beiden Wagen bis vor die Drehscheibe schieben, von wo aus die Köf den letzten Verschub übernimmt.

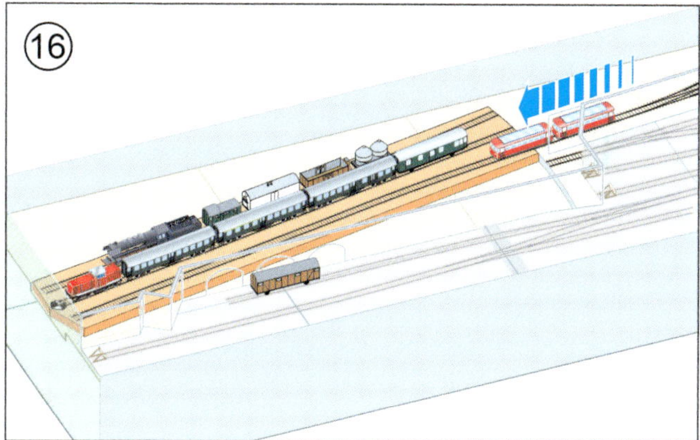

Auf dem Schwenkwinkel ist mit der Ausfahrt des einen Ng nunmehr wieder ein Gleis frei geworden, so dass der Schienenbus hier Aufstellung für einen weiteren Einsatz nehmen kann. Die Beschäftigung einer VT/VS-98-Triebwagen-Garnitur hat in unserem Anlagenkonzept den Vorzug, sie auch einmal in abwechselnder Fahrtrichtung durch den sichtbaren Bereich schicken zu können. Lokgeförderte Züge müssen verdeckt an ihren Startpunkt umsetzen.

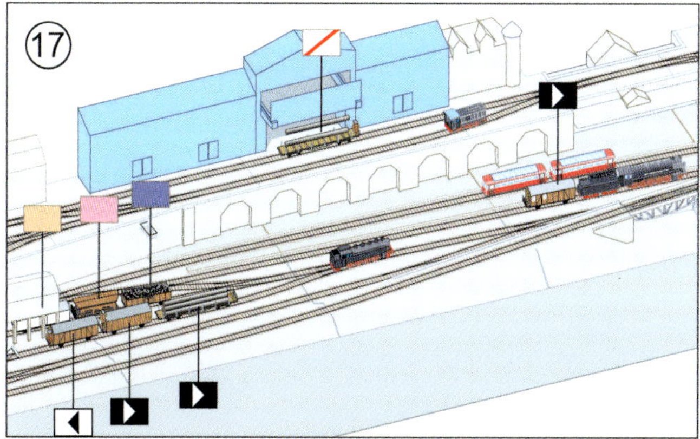

Im unteren Bahnhof stehen nunmehr die von Nahgüterzug und Übergabeabteilung herbeigeschafften Waggons zum gegenseitigen Austausch bereit. Während die Tenderlok die Wagen mit den farbigen Signaturen die Anschlussbahn hinauf zu den mit gleicher Farbgebung gekennzeichneten Ladestellen befördern wird, nimmt die 50 nur die zum Ausgang mit dem nach rechts weisenden Pfeil an den Haken.

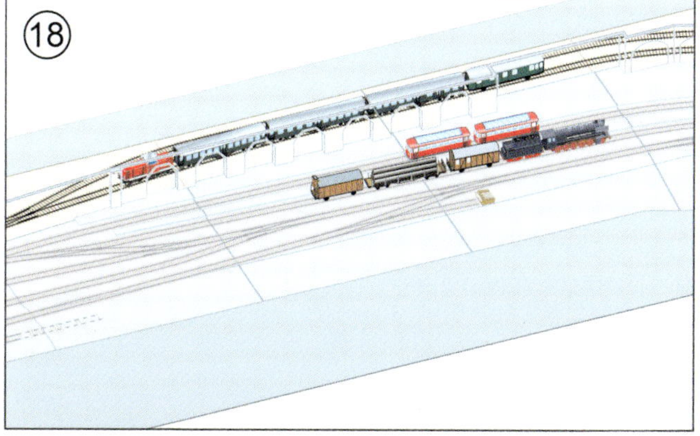

Allmählich neigt sich unser Betriebstag dem Ende zu. Schienenbus und Nahgüterzug werden alsbald ausfahren. Dann wird nochmals von rechts kommend der Eilzug seinen Auftritt haben. Er lässt dann den Postwagen hier, den spät in der Nacht noch eine der oben auf der Anschlussbahn beschäftigten Loks abholen wird, um ihn an die Laderampe der Post zu stellen, damit in der Frühe die Bürger ihre Zeitschriften und an sie gerichtete Sendungen auch erhalten.

Trossinger Stationen

Die Trossinger Eisenbahn (TE) war eine der vielen privaten Unternehmen, welche die Verbindung etwas abseits gelegener Orte und Regionen an die durchlaufenden zur Staatsbahn gehörenden Strecken herstellten. Als Besonderheit kam hinzu, dass die TE gleich von Betriebsbeginn an, im Jahr 1898, mit Elektrizität betrieben wurde. An deren Kraftzentrale konnte auch gleich das noch dörfliche Trossingen angeschlossen werden, zu einer Zeit, als selbst manche größere Stadt noch nicht über Strom verfügte. Mehrere der elektrischen Triebfahrzeuge, die noch aus Anfangszeiten stammen, sind bis heute erhalten und werden auf der noch bestehenden Linie museal eingesetzt.

Der Bahnhof der auf den Höhen gelegenen Stadt erfreut sich zudem in Modellbahnerkreisen einer gewissen Popularität, weil dessen Empfangsgebäude als ansprechend gestalteter H0-Bausatz erhältlich ist. Allerdings: Das dabei wiedergegebene, so heimelig wirkende Fachwerk verschwand beim Original bereits in frühen Jahren hinter einer ziemlich grämlichen Schindel-Verkleidung. Heute steht der Bau zwar sauber verputzt, aber doch etwas nichtssagend da. Die Gleisanlagen selbst sind überschaubar und dennoch hinreichend vielfältig gegliedert, sodass ein Nachbau in vorbildentsprechender Erstreckung durchaus noch im Rahmen des Möglichen erscheint. Hier wurden lediglich handelsübliche

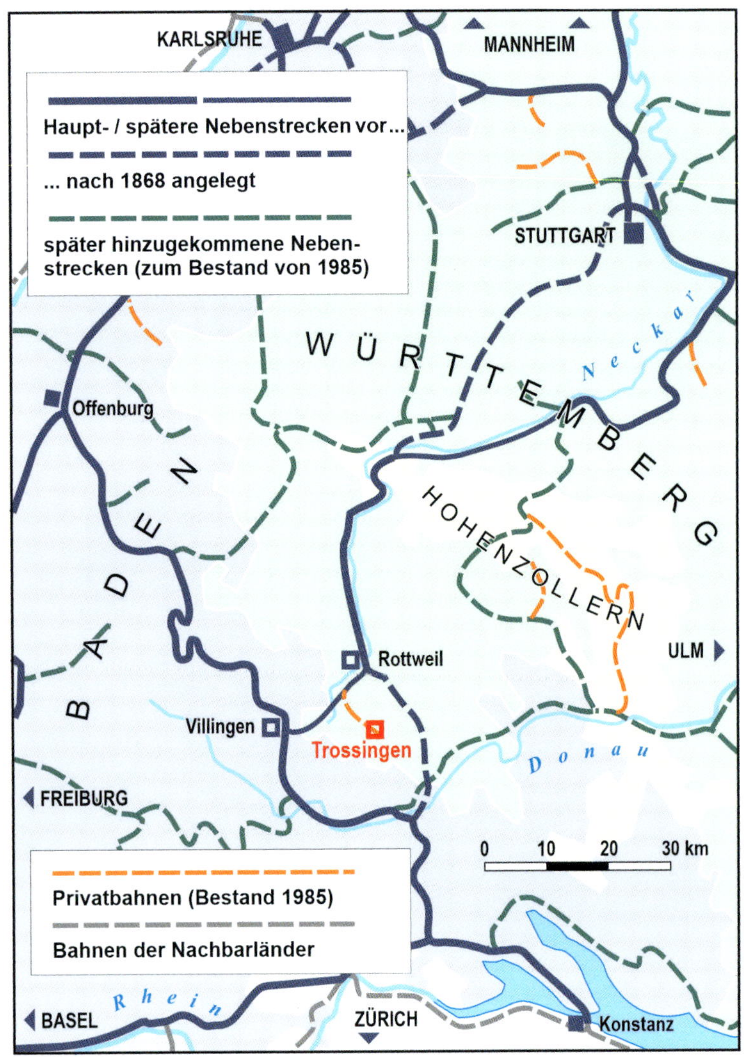

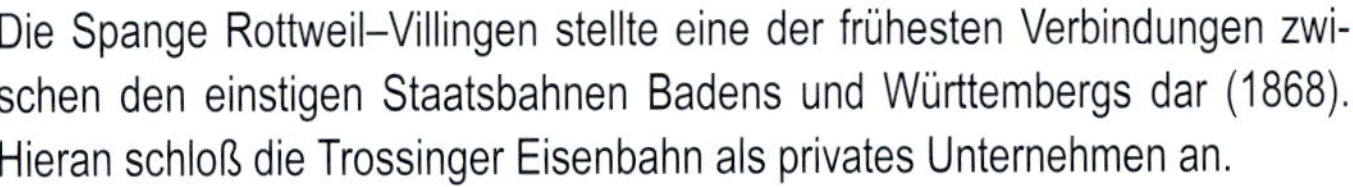

Die Spange Rottweil–Villingen stellte eine der frühesten Verbindungen zwischen den einstigen Staatsbahnen Badens und Württembergs dar (1868). Hieran schloß die Trossinger Eisenbahn als privates Unternehmen an.

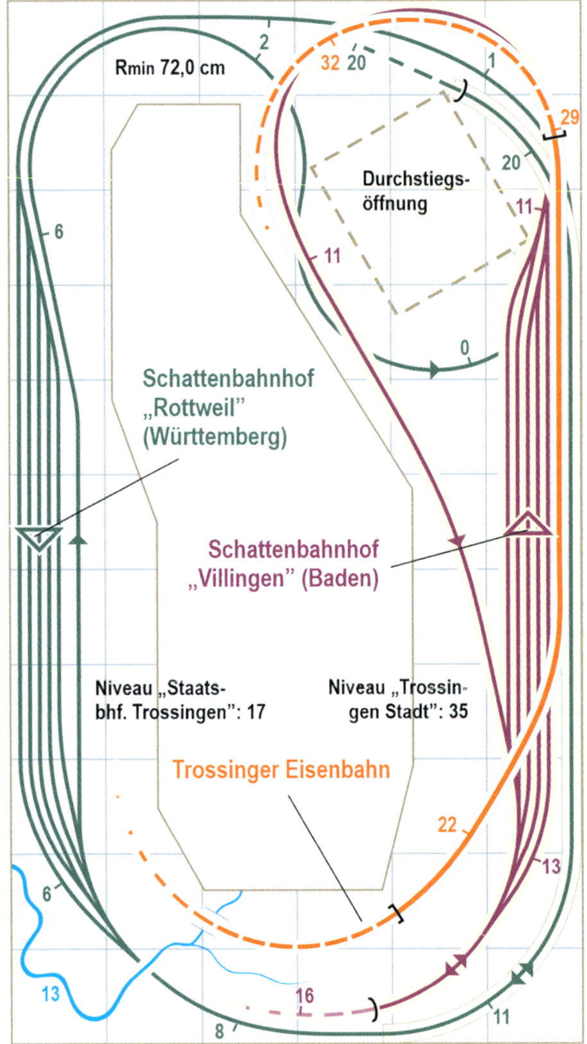

Verdeckte Gleisführung Maßstab 1:40 (H0), Höhenangaben in cm, maximale Steigung 1:45 = 2,22 %. Vom Staatsbahnhof ausgehende Strecken sind mit unterschiedlicher Farbgebung ausgewiesen.

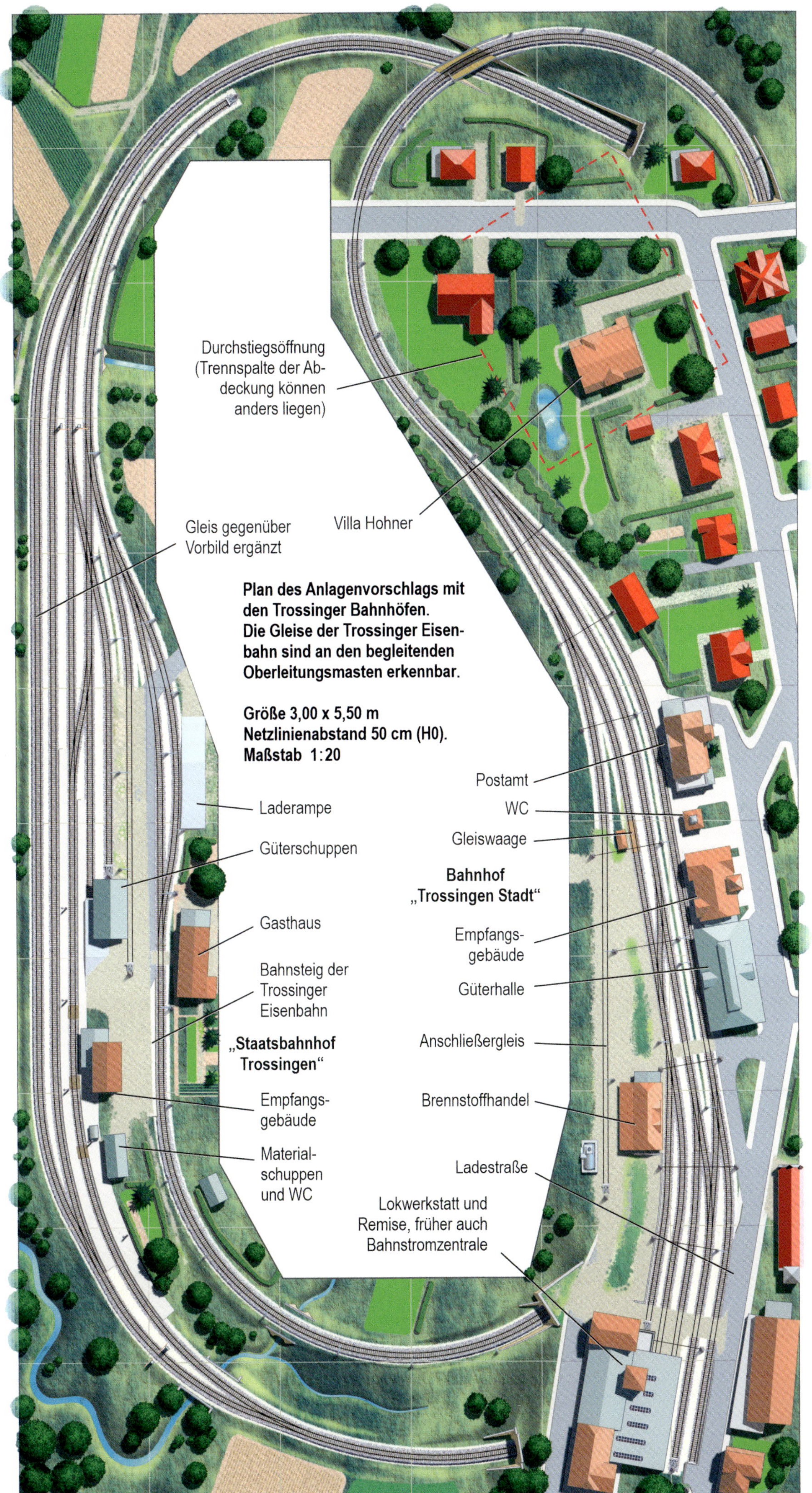

Plan des Anlagenvorschlags mit den Trossinger Bahnhöfen. Die Gleise der Trossinger Eisenbahn sind an den begleitenden Oberleitungsmasten erkennbar.

Größe 3,00 x 5,50 m
Netzlinienabstand 50 cm (H0).
Maßstab 1:20

12°-Weichen anstelle vorbildrichtiger, dann häufig im Bogen verlegter Bauformen angesetzt.

Den Anschluss an die Staatsbahn erreichte die TE bei einer Station, die zusammen mit einer Gaststätte zunächst völlig einsam im Tal gelegen war. Bei der berührten Strecke handelte es sich um eine grenzüberschreitende Verbindung zwischen den einst selbstständigen Staaten Baden und Württemberg. Für den angenommenen Zeitrahmen der Epoche II wird hier darum insbesondere der Einsatz Länderbahn-typischer Fahrzeuge beider Bahnverwaltungen illustriert. Die zur Staatsbahn gehörigen Gleise weisen dann doch eine gewisse Kürzung in der Länge auf. Solches lässt sich bei der Nachbildung einer zum staatlichen Netz gehörigen Station im H0-Maßstab eben nur selten vermeiden, wenn übliche Raumdimensionen gewahrt werden sollen. Demhingegen wurde noch ein weiteres Gleis zum tatsächlichen Inventar „hinzuerfunden", damit beim Modellverkehr mit ein paar häufigeren Zugfahrten aufgewartet werden kann.

Im Hintergrund erkennt man die Modellversion des „Stadtbahnhofs" der Trossinger Eisenbahn. Im Vordergrund der „Staatsbahnhof", wo die Privatbahn Anschluss an die vormalig der Königlich Württembergischen Eisenbahn zugehörige Strecke findet. Deren Gleise führen nach rechts alsbald ins Territorium der früheren Großherzoglich Badischen Eisenbahn.

Bad Schwalbach, Taunus

In der Umsetzung zur zimmerfüllenden H0-Anlage verspricht das Vorbild der Station Bad Schwalbach ein realitätsnahes Resultat. Im Vordergrund der Lokschuppen und die Drehscheibe, die bis etwa 1970 genutzt wurden und auf einem Bahnhof dieser Größenklasse eher selten anzutreffen waren.

Dem Hilfeersuchen zur Planung einer privaten Anlage folgend ist dieser Entwurf entstanden. Bei der Suche nach einer Vorbild-Situation, die sich in den gegebenen Rahmen einpassen lassen könnte, wurde auf die Station des bekannten Kurorts Bad Schwalbach im Taunus gestoßen. Sie liegt an einer Nebenstrecke, die von Diez an der Lahn über den Mittelgebirgskamm nach Wiesbaden am Rhein führt. Nach dem nebenher fließenden Flüsschen wird sie Aartalbahn genannt. Nach dem Ende des regulären Bahnverkehrs auf dem südlichen Abschnitt im Jahr 1983 fand hier bis 2009 gelegentlich Museumsbahn-Betrieb statt, auch mit Dampfloks.

Unser Modell-Vorschlag widmet sich der ausgehenden Epoche III, als es dort noch geschäftig zuging und sich ein recht interessanter Fahrzeug-Mix darbot. Aus früheren Tagen rührt diesbezüglich eine gewisse Bekanntheit: Die damalige Ortsbezeichnung Langenschwalbach war namensgebend für eine spezielle Bauart von kurzen vierachsigen Reisezugwagen, die hier ihr erstes Einsatzgebiet hatten. Trotz schwieriger Streckenverhältnisse waren komfortabel laufende Fahrzeuge gefragt, denn einen großen Teil der Reisenden bildete das anspruchsvolle Publikum der Kureinrichtungen in Langenschwalbach und Wiesbaden. Seinerzeit wurde sogar eine speziell auf die Streckenverhältnisse zugeschnittene C1'-Tenderlok (prT9.0) konzipiert, die allerdings nicht lange eingesetzt wurde.

Im hier betrachteten Zeitraum traf man vornehmlich auf übliches Nebenbahn-Material, wie BR 93.5-12, 86, 50, jedoch auch auf andernorts bereits seltene Fahrzeugtypen, etwa den stromlinienförmigen Akku-Triebwagen ETA 176, bekannt als „Limburger Zigarre", und die Neubau-Tender-Dampflok BR 65.

Die Gleisanlagen bieten sich auch durchaus freundlich zur Übertragung ins Modell an. Bereits in einpassungsfreudiger Bogenlage präsentierte sich ein überschaubarer Besatz mit Durchgangs- und Nebengleisen. Dieser genügt gewiss für lebhaften Zugeinsatz und verspricht abwechslungsreiche Betriebsmomente. Als bauliche Besonderheit konnte Bad Schwalbach mit einem kleinen Bw samt vierständigem Rundschuppen und kurzer Drehscheibe aufwarten. Wer darüber hinaus noch mehr Abwechslung ins Spiel bringen will, könnte die aufgezeigten Ergänzungen in Form weiterer Anschlüsse anfügen. Allerdings geht damit auch der Charakter einer eng dem Vorbild folgenden Nachbildung verloren; auch muss eine deutlich andersartige Geländegestalt in Ansatz gebracht werden.

Die gezeigte Nachempfindung orientiert sich hingegen so weit als möglich an den vorgefundenen landschaftlichen Verhältnissen. Das betrifft sowohl die bewaldeten Hänge, das im Tal dahinfließende Flüsschen Aar als auch die paar Bauten, die neben Bahn und Straße noch Platz finden. Bei der Planung stellte sich übrigens der Flusslauf als unerwarteter Stolperstein dar. Der Wasserspiegel muss nämlich durchschnitten und die entstandene Lücke mit darüberhängenden Baumkronen getarnt werden, damit genügend Lichtraum für in der Tiefe querende Gleise bleibt. Einem ähnlichen Erfordernis ist der Einsatz eines Spiegels bzw. einer vorgezogenen Kulisse vor der unteren Wand zuzuschreiben.

Die Anlagenform gewährleistet hinlänglich Bewegungsraum für einen Bediener im Innern; die Mehrzahl der oberirdischen Gleislagen liegt noch innerhalb üblicher Arm-Reichweite. Allerdings gilt es zu überlegen, die Szenerie zwischen Bahnhofsstraße und Spiegel abnehmbar zu belassen, um im Notfall noch von unten her an die äußerste Einfahrweiche heranlangen zu können. Damit die Ansicht auf die platten Seitenwände nicht gar zu desillusionierend ausfällt, empfehlen sich dort an den Enden vorgezogene Seitenblenden.

Zwei getrennte Kehrschleifen-Schattenbahnhofs-Kombinationen sorgen für thematisch ausreichende Aufstellkapazitäten im Untergrund.

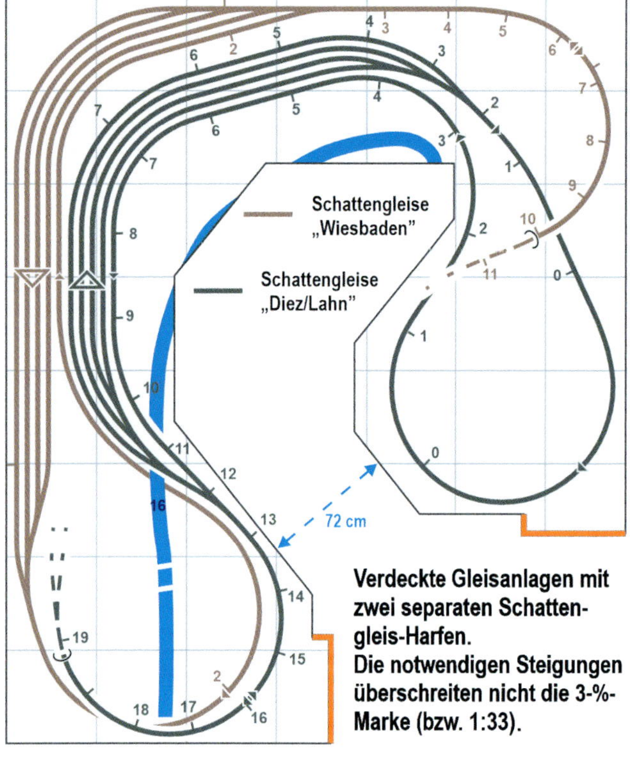

Verdeckte Gleisanlagen mit zwei separaten Schattengleis-Harfen. Die notwendigen Steigungen überschreiten nicht die 3-%-Marke (bzw. 1:33).

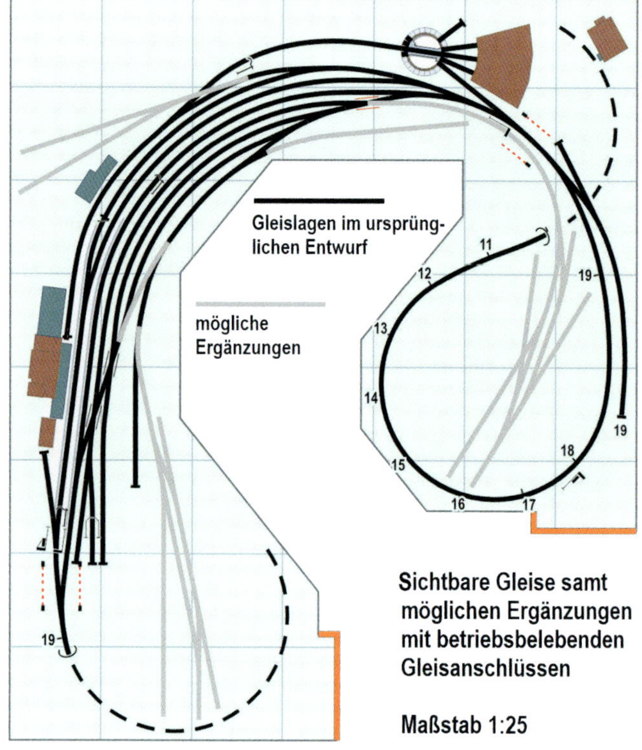

Sichtbare Gleise samt möglichen Ergänzungen mit betriebsbelebenden Gleisanschlüssen

Maßstab 1:25

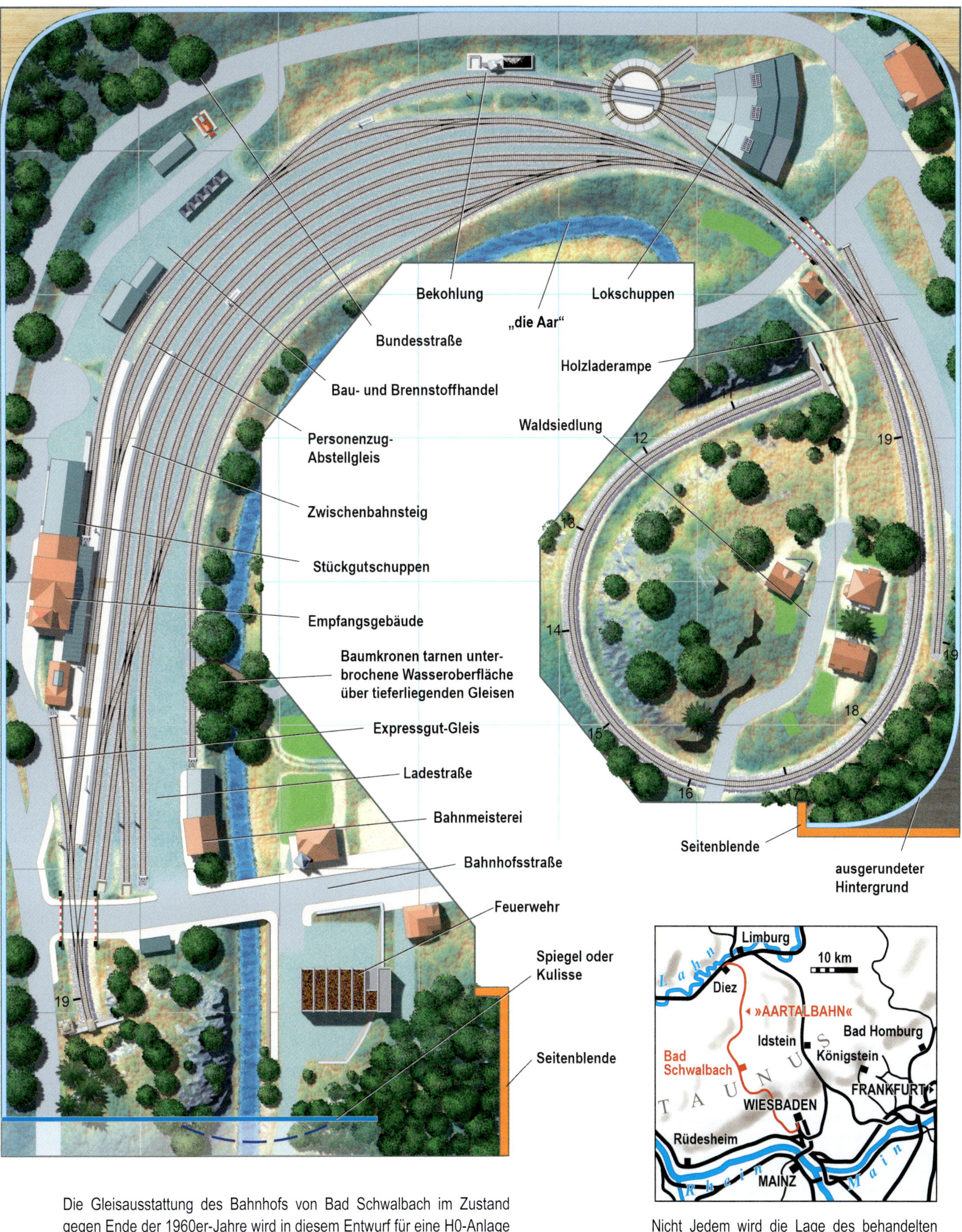

Die Gleisausstattung des Bahnhofs von Bad Schwalbach im Zustand gegen Ende der 1960er-Jahre wird in diesem Entwurf für eine H0-Anlage mit den Maßen 3,45 x 4,0 m vollständig erfasst. Rmin 62 cm. 12°-Weichen (Tillig-Elite und Peco-Finescale). Höhenangaben in cm über tiefstem Schattenniveau. Maßstab 1:18

Nicht Jedem wird die Lage des behandelten Bahnhofs und der seinerzeitig hier verlaufenden „Aartalbahn“ sofort geläufig sein. Diese Karte soll Aufschluss bieten.

Die im österreichischen Vorarlberg hinauf zum Scheiteltunnel an der Grenze nach Tirol führende Rampenstrecke zählt mit zu den bekanntesten Bahnen in gebirgiger Landschaft. Obwohl größtenteils nur eingleisig, beeindruckt sie durch die Kühnheit der Trassenführung, zumeist dicht an den Berghang gelehnt, mit etlichen Tunneln und Viadukten. Direkt dem Westportal des 10,25 km langen Arlbergtunnels vorgelagert findet sich die Station Langen, die hier im Modell-Vorschlag nachempfunden wurde. Mit Ausnahme der heute nicht mehr vorhandenen Schneepflug-Remise sind alle Baulichkeiten des Bahnhofsbereichs und auch mehrere der unmittelbaren Nachbarschaft erfasst. Das Gleisgefüge wurde unter milder Stauchung mit Roco-Line-Material nachvollzogen (15°- und 10°-Weichen).

Das Ambiente erlaubt und rechtfertigt ein weitgespanntes Spektrum des einzusetzenden Rollmaterial. Die über die Arlberg-Magistrale laufenden Züge zeigen sich häufig auch mit internationaler Fahrzeugvielfalt durchsetzt. Selbst der berühmte Orient-Express verkehrte längere Zeit über diese Linie. Zwar lagen im Arlbergtunnel selbst zwei Gleise, in Langen musste jedoch häufig ein Halt eingelegt werden, um Begegnungen im Verkehr über die eingleisigen Abschnitte zu ermöglichen.

Der Modell-Entwurf ist gezielt zur Unterbringung in einem Dachboden konzipiert worden. Zwei Schattengleis-Harfen, welche die beiden Endziele Bludenz und Innsbruck repräsentieren, finden sich gestaffelt unter eine der Dachschrägen gerückt. Ein schmaler, allerdings nur kriechend zu erreichender Gang soll zur Wartung und Beaufsichtigung der dort abgestellten Garnituren dienen. Auf der gegenüberliegenden Seite wird noch ein Abschnitt der vom Tal heraufgeführten Rampenstrecke nachgestellt. Gelände und darin eingebettete Kunstbauten bieten sich hier besonders eindrucksvoll dar. Teilweise wären die schroffen Felshänge von der Dachschräge bis zum Fußboden herabreichend auszubilden.

Die Einpassung unterhalb des Dachs geht zwar mit einigen Einschränkungen einher, sie bietet aber auch Chancen. Die Hintergrunddarstellung kann auf eine neutrale durchgängige Farbgebung beschränkt bleiben. Es bietet sich ohnehin kaum Gelegenheit für differenziertere Landschaftsmalerei. Dafür kann eine wirkungsvolle Szenenausleuchtung mit ziemlich einfachen Mitteln installiert werden. Eine mit wenig Aufwand umlaufend von oben abgehängte Blende hilft, die Einsicht in die Szenen mit günstigen Blickwinkeln einzugrenzen.

Langen am Arlberg

Schnee ist bei der 1,3 km ü.d.M. gelegenen Station Langen am Arlberg keine Seltenheit. Während die abschnittsweise spektakulär geführte Zufuhrstrecke eingleisig ist, geht es auf zwei Gleisen durch den 10.250 m langen Arlberg-Scheiteltunnel.

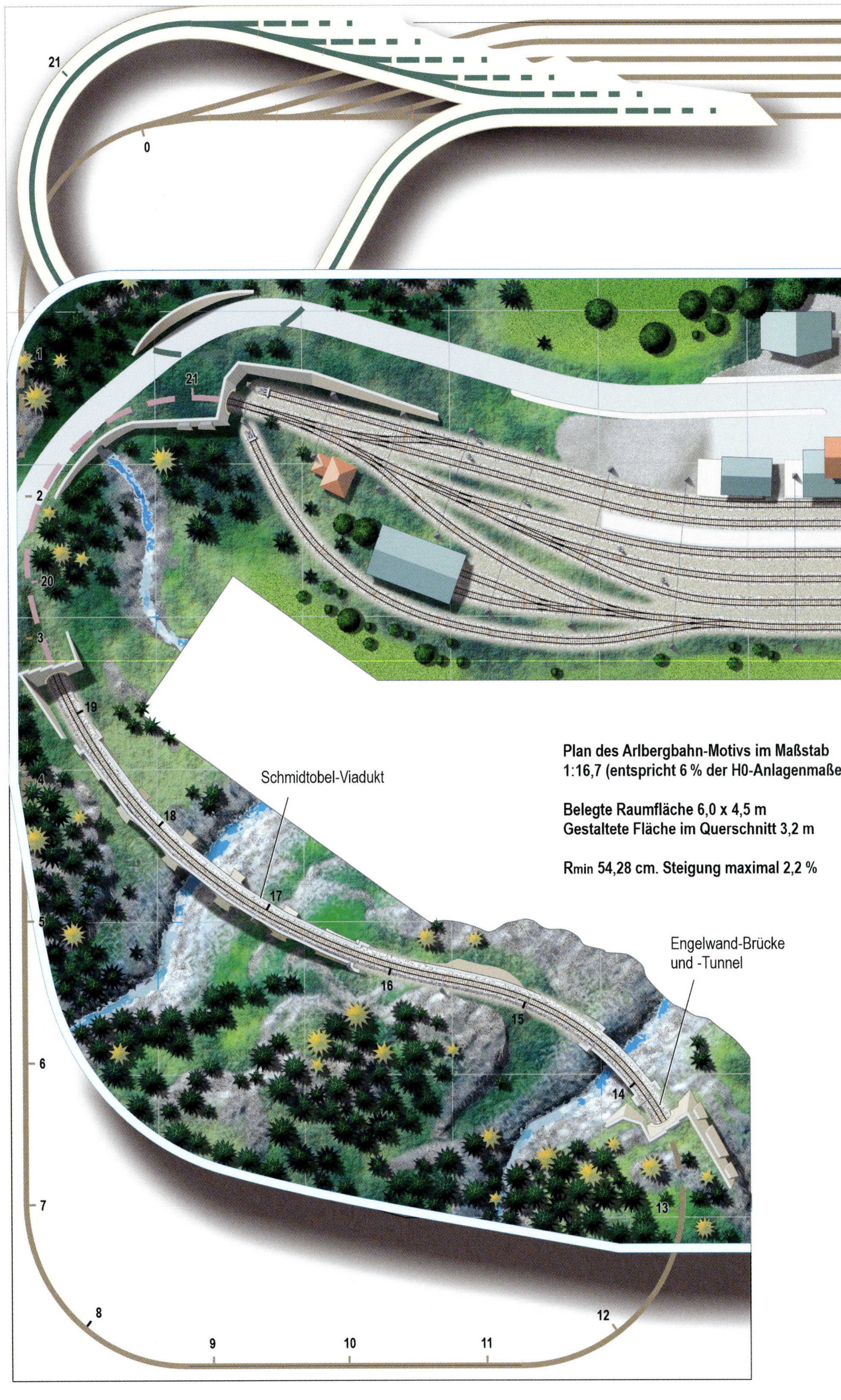

Plan des Arlbergbahn-Motivs im Maßstab 1:16,7 (entspricht 6 % der H0-Anlagenmaße)

Belegte Raumfläche 6,0 x 4,5 m
Gestaltete Fläche im Querschnitt 3,2 m

Rmin 54,28 cm. Steigung maximal 2,2 %

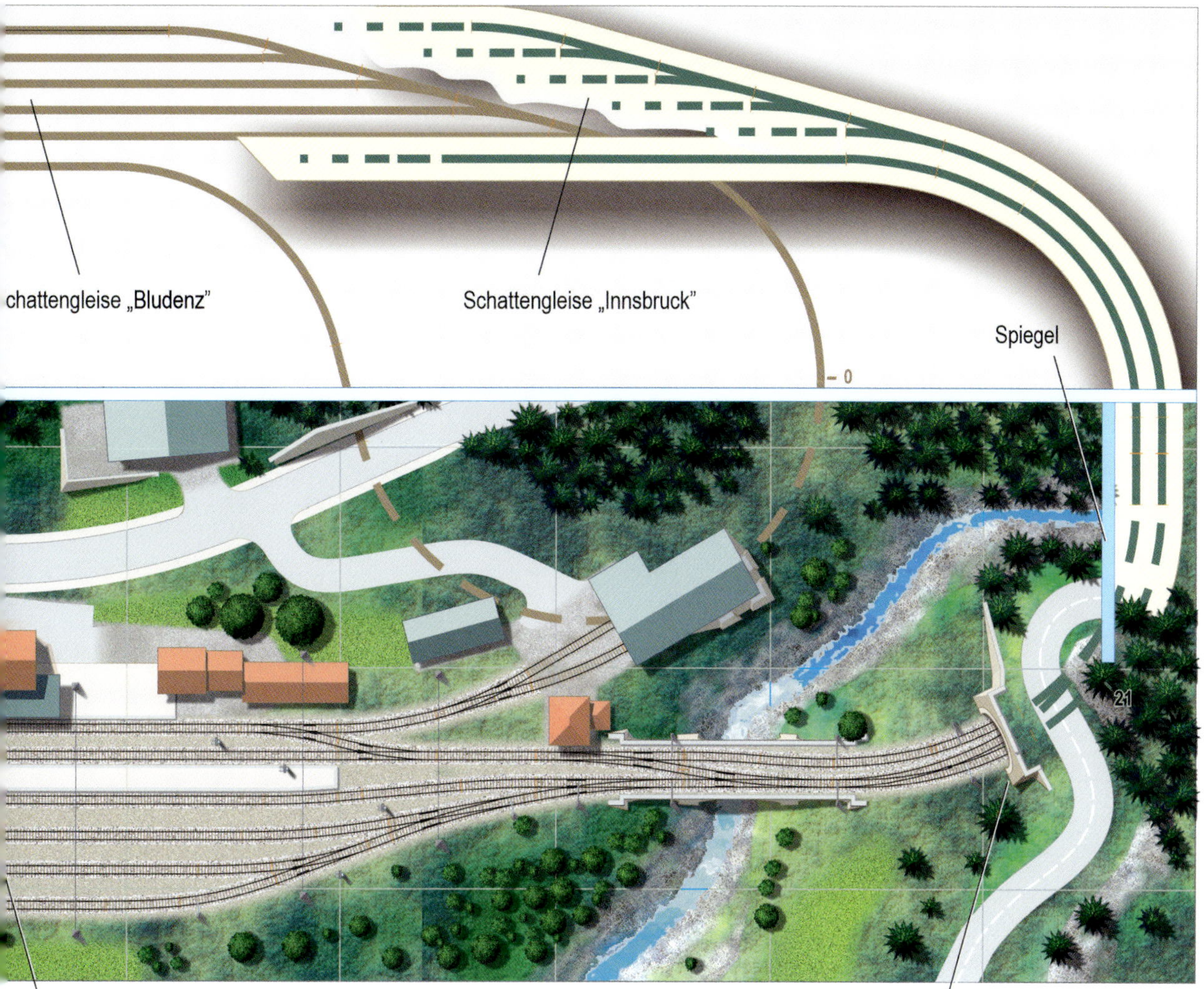

chattengleise „Bludenz”

Schattengleise „Innsbruck”

Spiegel

tation Langen am Arlberg

Arlbergtunnel-Westportal

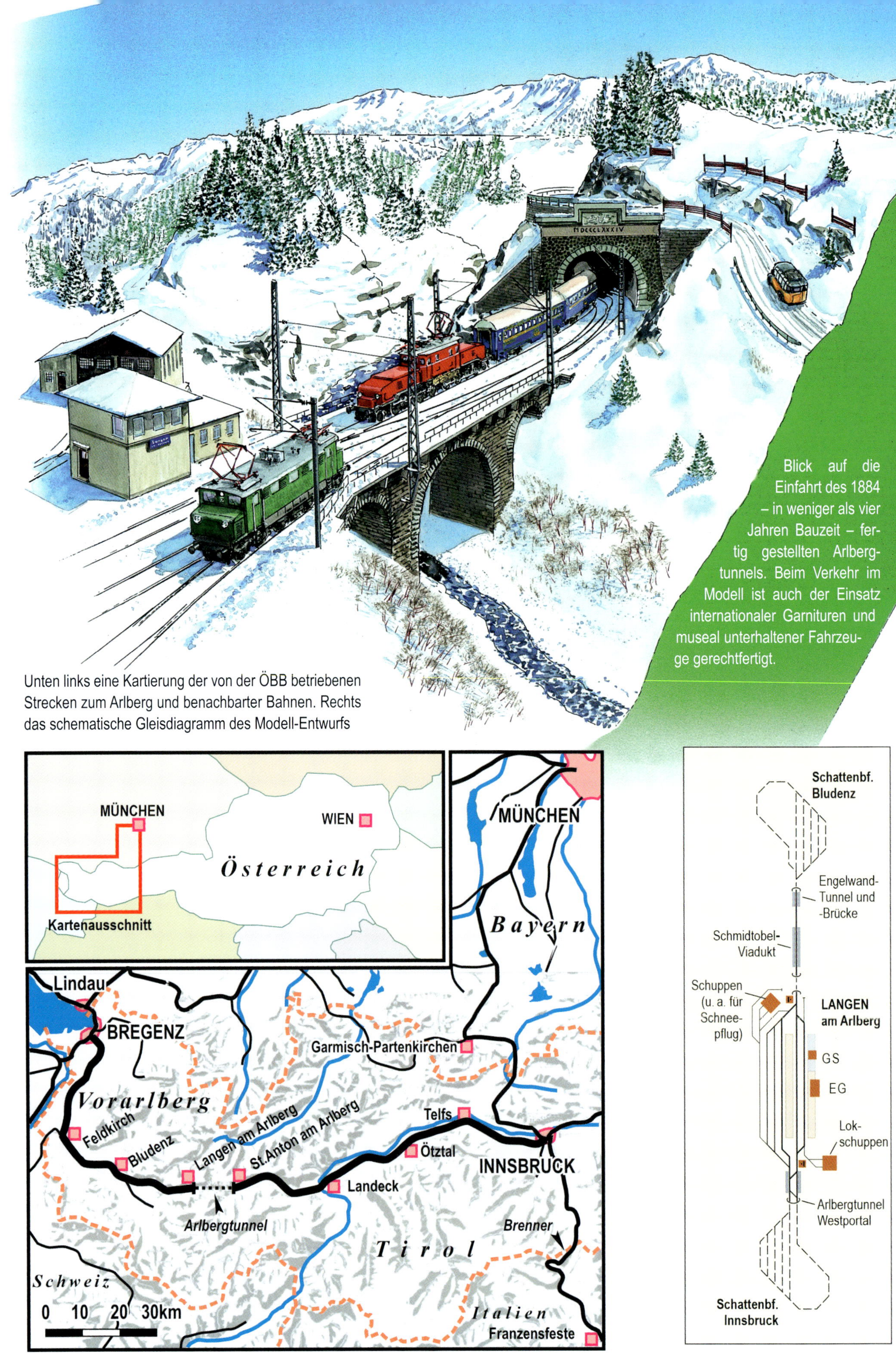

Blick auf die Einfahrt des 1884 – in weniger als vier Jahren Bauzeit – fertig gestellten Arlbergtunnels. Beim Verkehr im Modell ist auch der Einsatz internationaler Garnituren und museal unterhaltener Fahrzeuge gerechtfertigt.

Unten links eine Kartierung der von der ÖBB betriebenen Strecken zum Arlberg und benachbarter Bahnen. Rechts das schematische Gleisdiagramm des Modell-Entwurfs

Erdbach im Westerwald

Nicht allzu häufig finden sich im Bahnnetz sogenannte Spitzkehren-Stationen. Dies sind Bahnhöfe, durch die zwar durchgehende Zugkurse verkehren, dort aber notwendigerweise ihre Fahrtrichtung wechseln müssen, weil die einmündenden Strecken stumpf enden. Für die Nachstellung im Modell ist eine solche Stationsform aber allemal geeignet, zumal wenn das Interesse verstärkt betrieblichen und Fahrplan-technischen Vorgängen zugeneigt ist. Schon das jedes Mal beim Stationshalt notwendige Umsetzen der Zuglok – falls es sich nicht gerade um eine Triebwagen-Garnitur handelt – belebt die verkehrlichen Vorgänge. Hier wird stets mehr Aufmerksamkeit als vergleichsweise bei einer einfachen Durchgangsstation verlangt. Gleich dieser unterscheidet sich der Spitzkehrenbahnhof aber auch von einfachen ländlichen Endstationen mit seinem deutlich höheren Durchsatz an Zugverkehr.

Die Vorbildstation Erdbach wird hier in den Ausmaßen dargestellt, mit denen sie vor schrittweisen Rückbauten und endgültiger Stilllegung aufwartete. Der Reisezugverkehr war gegen Ende der Epoche III zwar durch den ausschließlichen Einsatz von Schie-

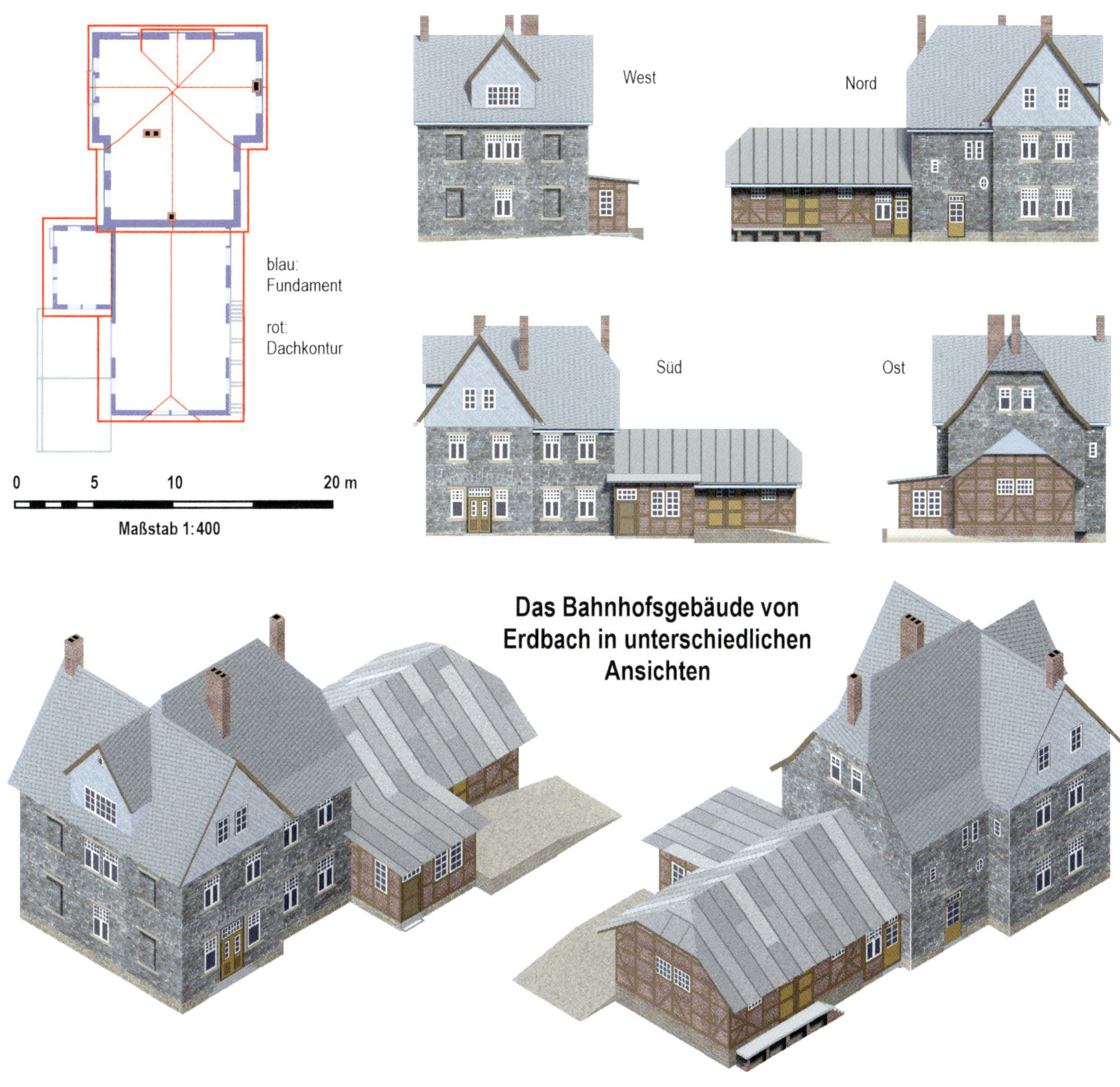

Das Bahnhofsgebäude von Erdbach in unterschiedlichen Ansichten

nenbussen geprägt. Neben üblichem Güterverkehr konnten hingegen auch noch für die Westerwald-Region typische Ganzzüge für Steintransporte beobachtet werden. Als Quelle für solchen Verkehr ist ein Steinbruch-Verlade-Anschluss – dieser allerdings ohne direktes Vorbild – in den Modell-Entwurf einbezogen worden.

Die recht schmalen Zimmermaße ließen es opportun erscheinen, sich mit nur einer Anlagenverdickung für anfallende Kehren-Entwicklungen zu begnügen. Dort sorgt auch eine Wendel für die Verbindung vom sichtbaren zum verdeckten Bereich. Deren beide Gleise repräsentieren unterschiedliche Strecken und werden daher jeweils in beiden Richtungen durchfahren! Die Verkehre münden jedoch sodann in eine gemeinsam genutzte Gruppe von Stumpf-Abstellgleisen. Die zuvorderst zum Bedienungsausschnitt hin gelegenen Gleise dienen dabei bevorzugt zur Umgruppierung von Güterzügen.

Blick von der Eingangsseite auf die U-förmige Anlage mit dem Motiv der Station Erdbach und davon ausgehender Strecken

Die Station auf dem linken Anlagenflügel hält sich im Modell weitgehend an die Gegebenheiten beim Vorbild. Zwar sind die Stein-Verladestelle und die Gleisführung auf der rechten Zunge frei entworfen, dürfen aber als regionaltypisch gelten. Sie sollen für weitere vorbildkonforme betriebliche Belebung sorgen.

Angesichts stumpf endender Zugspeicher-Gleise im Unterdeck sollte dieser Bereich weitgehend seitlich zugänglich gehalten werden. Ohnehin ist ein ungehinderter Zugriff zu Schattengleisen gefragt, wenn Wagen – etwa entsprechend ausgefertigten „Frachtpapieren“ – in ganz bestimmter Reihenfolge zusammenzustellen sind.

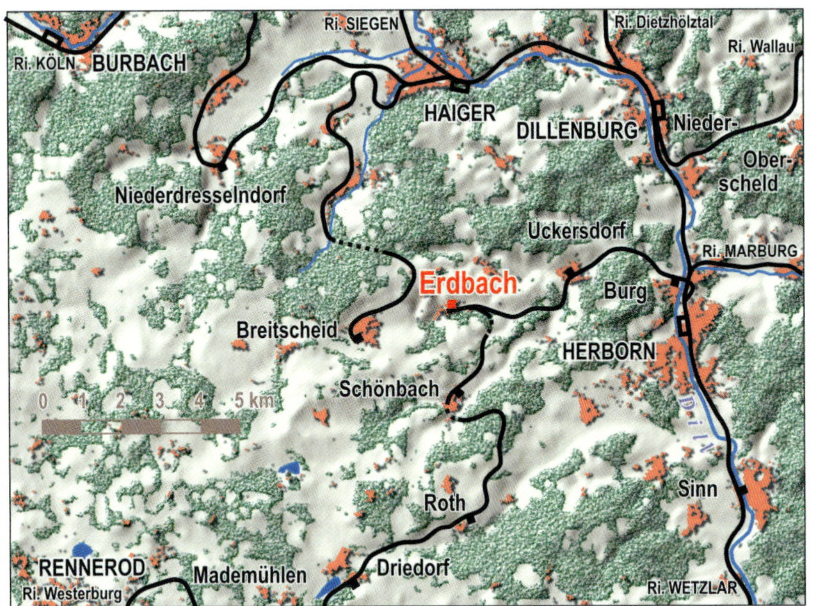

Im Zentrum des Anlagenentwurfs steht die Spitzkehren-Station Erdbach. Sie liegt im Verlauf der mittlerweile eingestellten Verbindung Herborn–Westerburg (–Montabaur), damals mitunter auch als „Westerwald-Querbahn" bezeichnet.

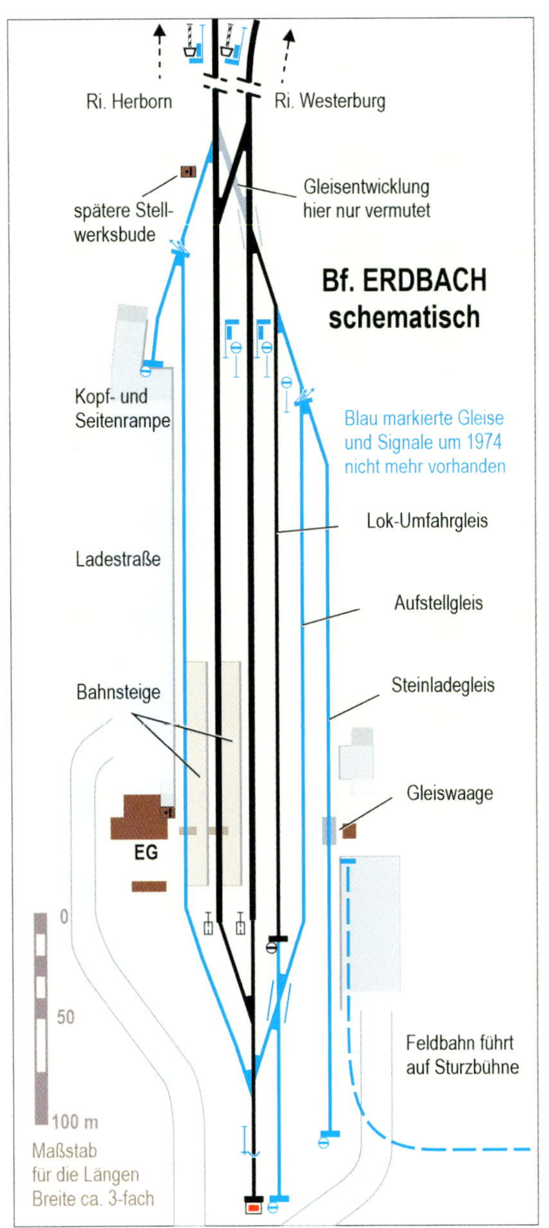

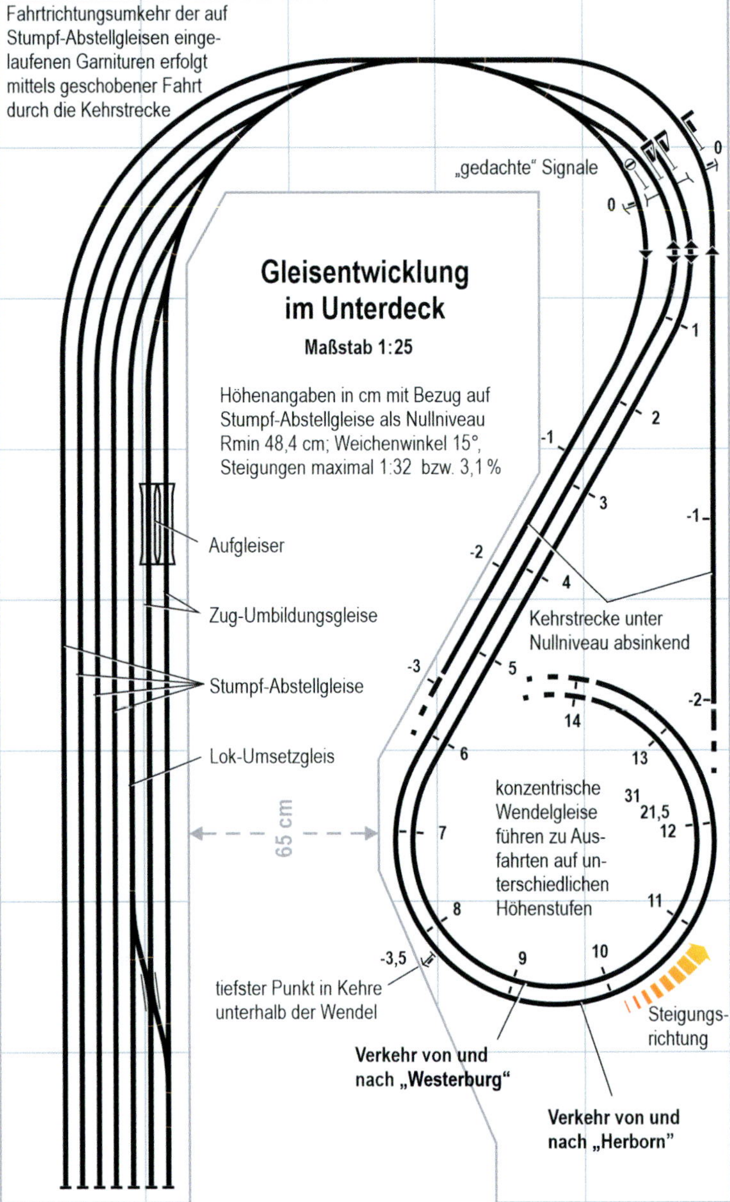

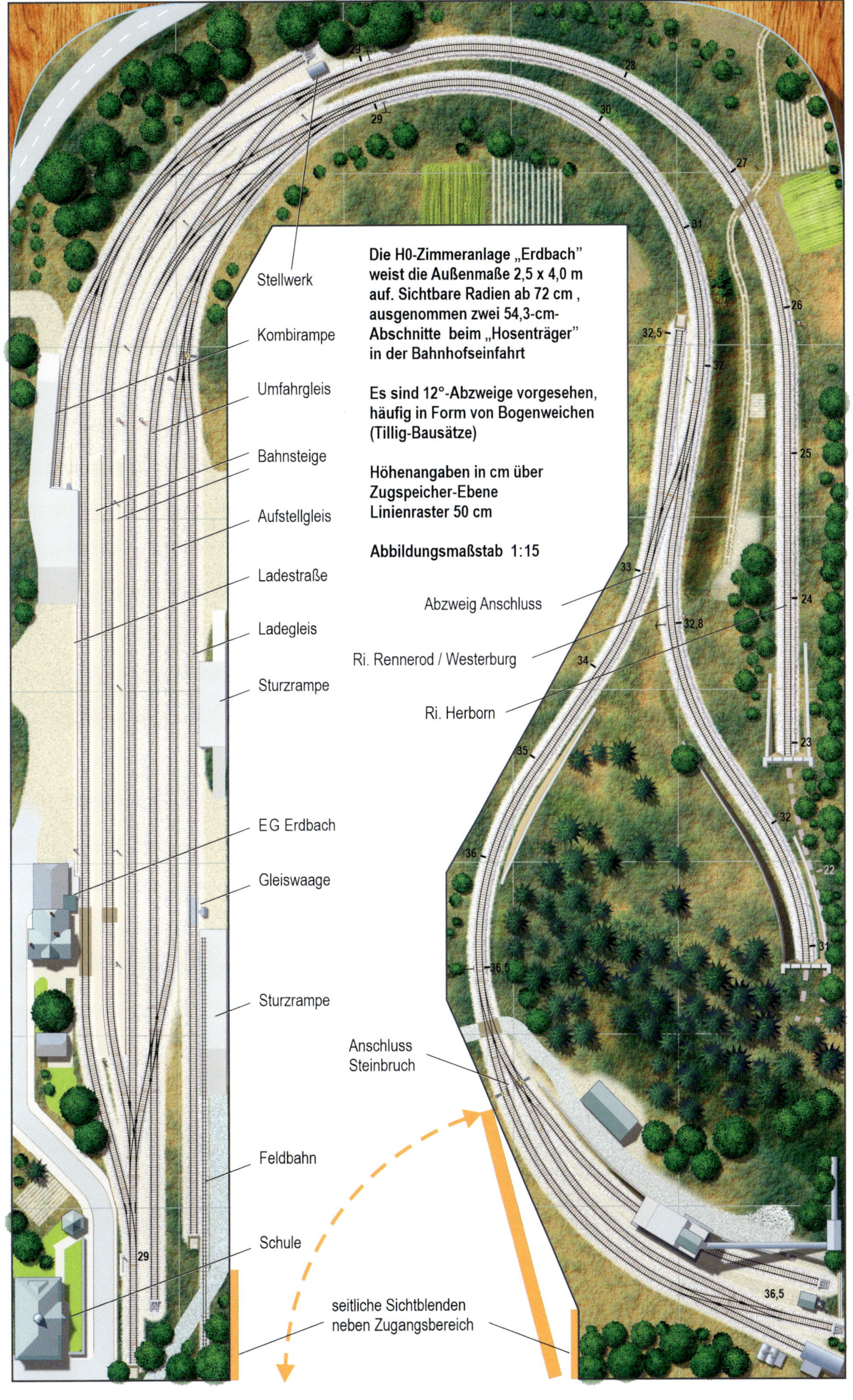
Die H0-Zimmeranlage „Erdbach" weist die Außenmaße 2,5 x 4,0 m auf. Sichtbare Radien ab 72 cm , ausgenommen zwei 54,3-cm-Abschnitte beim „Hosenträger" in der Bahnhofseinfahrt
Es sind 12°-Abzweige vorgesehen, häufig in Form von Bogenweichen (Tillig-Bausätze)
Höhenangaben in cm über Zugspeicher-Ebene
Linienraster 50 cm
Abbildungsmaßstab 1:15
Stellwerk
Kombirampe
Umfahrgleis
Bahnsteige
Aufstellgleis
Ladestraße
Ladegleis
Sturzrampe
EG Erdbach
Gleiswaage
Sturzrampe
Feldbahn
Schule
Abzweig Anschluss
Ri. Rennerod / Westerburg
Ri. Herborn
Anschluss Steinbruch
seitliche Sichtblenden neben Zugangsbereich

Bad Bentheim

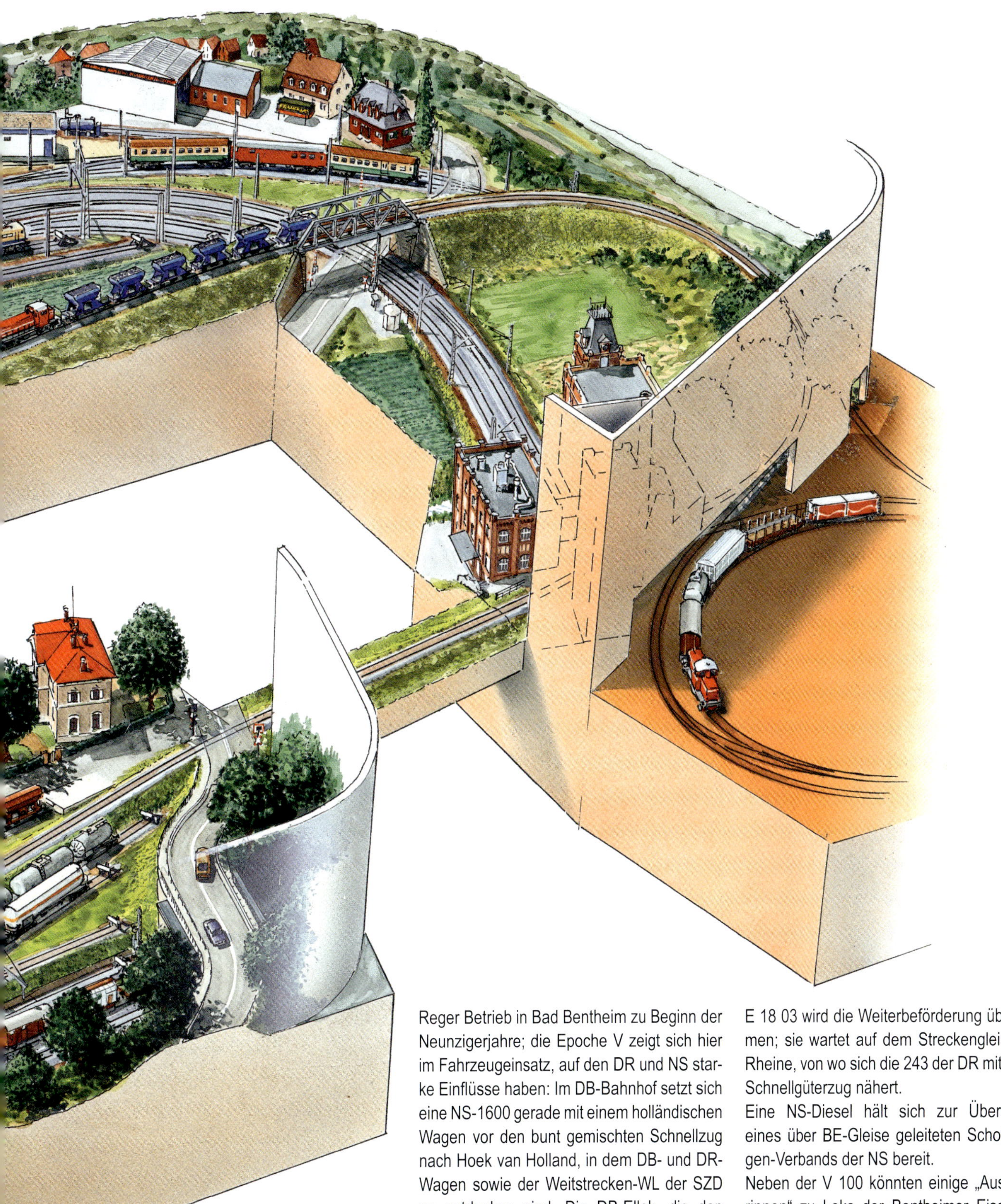

Reger Betrieb in Bad Bentheim zu Beginn der Neunzigerjahre; die Epoche V zeigt sich hier im Fahrzeugeinsatz, auf den DR und NS starke Einflüsse haben: Im DB-Bahnhof setzt sich eine NS-1600 gerade mit einem holländischen Wagen vor den bunt gemischten Schnellzug nach Hoek van Holland, in dem DB- und DR-Wagen sowie der Weitstrecken-WL der SZD zu entdecken sind. Die DB-Ellok, die den Zug gebracht hat, steht ebenso auf ihrem Wechselstrom-Gleisstutzen wie die NS-Museumslok 1010 auf ihrem Gleichstrom-Gleisstutzen (unten links). Sie hat den Sonderzug der „Freunde der 1'Do1'" aus Holland an den Hausbahnsteig gebracht; die DB-Museumslok E 18 03 wird die Weiterbeförderung übernehmen; sie wartet auf dem Streckengleis nach Rheine, von wo sich die 243 der DR mit einem Schnellgüterzug nähert.

Eine NS-Diesel hält sich zur Übernahme eines über BE-Gleise geleiteten Schotterwagen-Verbands der NS bereit.

Neben der V 100 könnten einige „Ausländerinnen" zu Loks der Bentheimer Eisenbahn umkostümiert werden. Seit der Erstveröffentlichung sind allerdings noch mehrere Privatbahn-typische Fahrzeugtypen im Modell erschienen und könnten bestens in einer aktualisierten Ausführung dieser Anlagen-Idee verwendet werden.

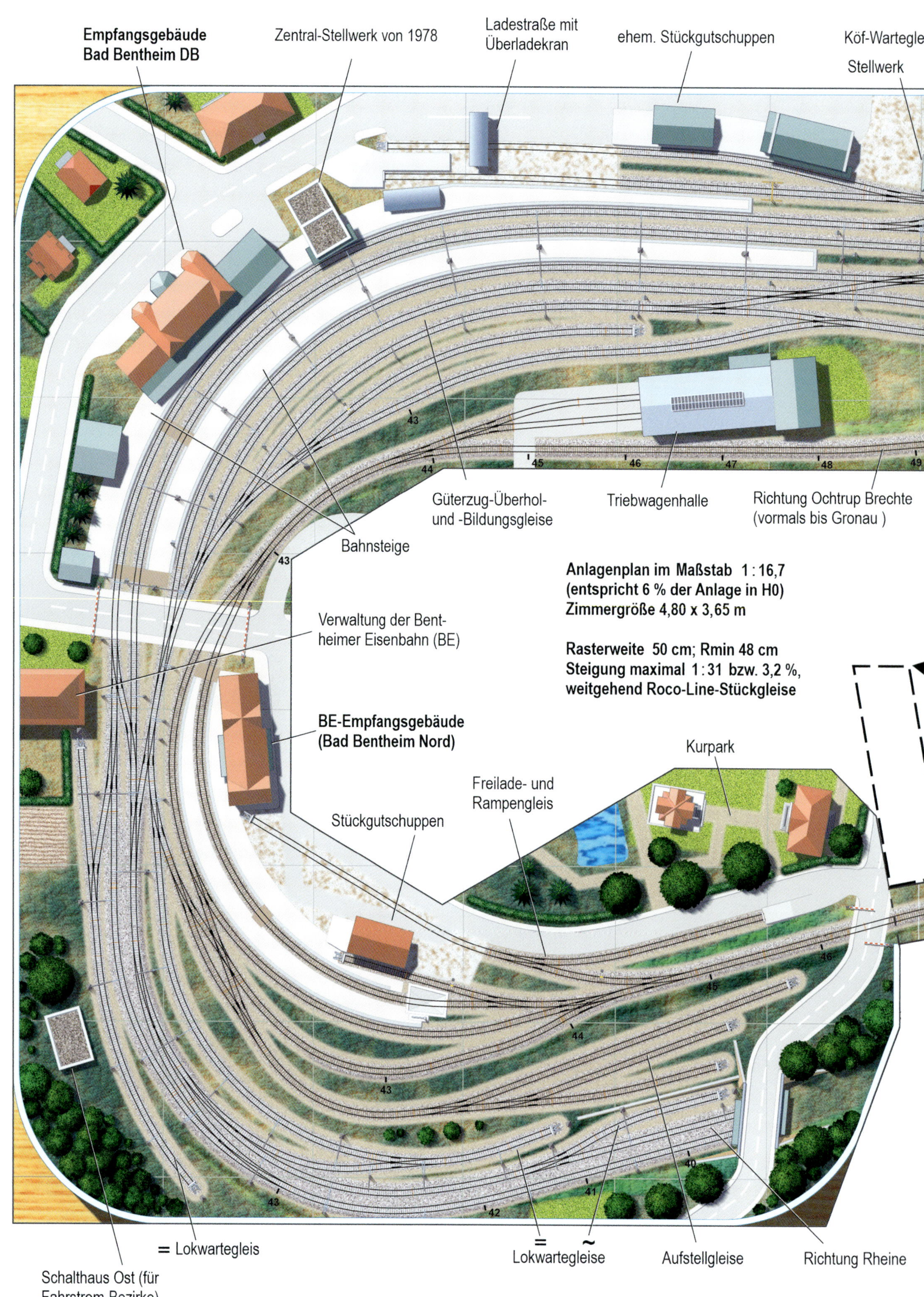
Empfangsgebäude Bad Bentheim DB
Zentral-Stellwerk von 1978
Ladestraße mit Überladekran
ehem. Stückgutschuppen
Köf-Wartegleis
Stellwerk
Güterzug-Überhol- und -Bildungsgleise
Triebwagenhalle
Richtung Ochtrup Brechte (vormals bis Gronau)
Bahnsteige
Anlagenplan im Maßstab 1:16,7 (entspricht 6 % der Anlage in H0) Zimmergröße 4,80 x 3,65 m
Rasterweite 50 cm; Rmin 48 cm Steigung maximal 1:31 bzw. 3,2 %, weitgehend Roco-Line-Stückgleise
Verwaltung der Bentheimer Eisenbahn (BE)
BE-Empfangsgebäude (Bad Bentheim Nord)
Kurpark
Freilade- und Rampengleis
Stückgutschuppen
= Lokwartegleis
Schalthaus Ost (für Fahrstrom-Bezirke)
= ~ Lokwartegleise
Aufstellgleise
Richtung Rheine
DB-Gleise
BE-Gleise

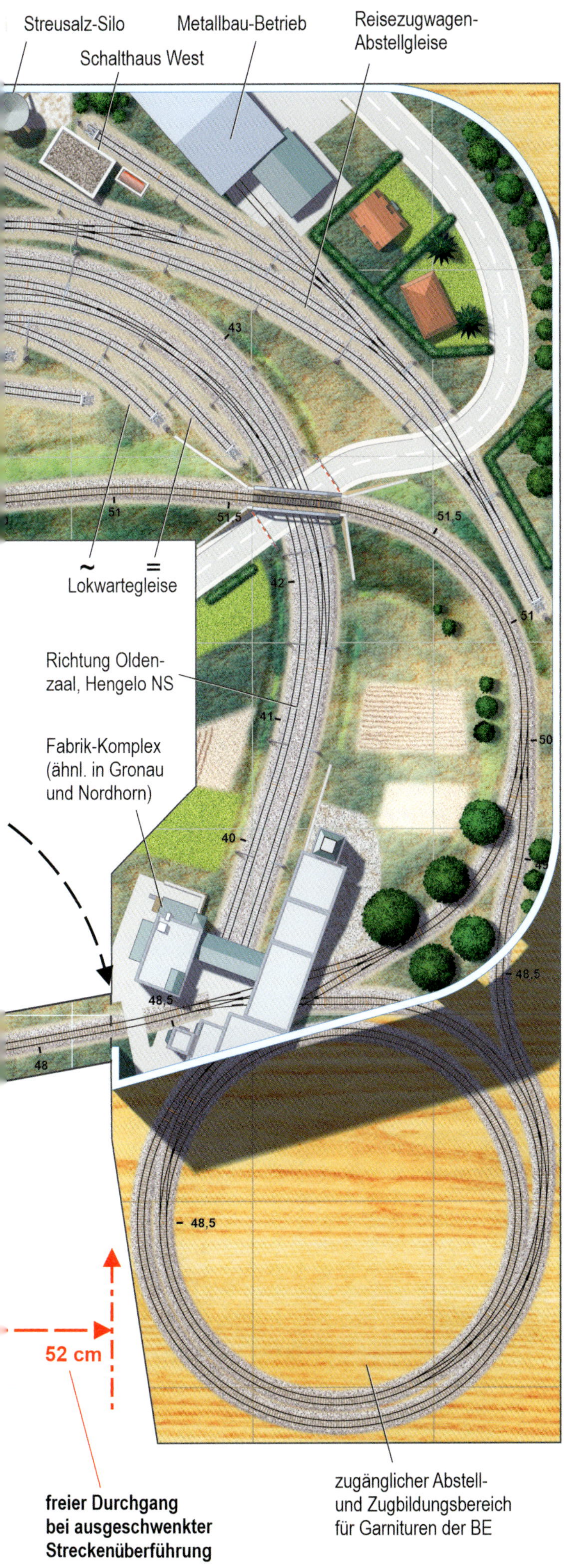

Streusalz-Silo

Metallbau-Betrieb

Reisezugwagen-Abstellgleise

Schalthaus West

43

51

51,5

51,5

42

51

~ =

Lokwartegleise

Richtung Oldenzaal, Hengelo NS

41

50

Fabrik-Komplex (ähnl. in Gronau und Nordhorn)

40

48,5

48,5

48

48,5

52 cm

freier Durchgang bei ausgeschwenkter Streckenüberführung

zugänglicher Abstell- und Zugbildungsbereich für Garnituren der BE

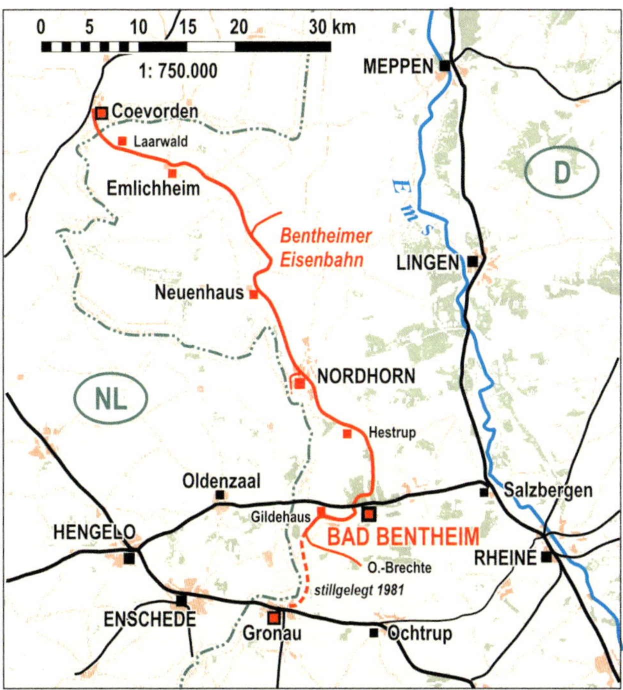

Die zum Vorbild gewählte Bahnsituation in Karten.
Die Strecke von Hengelo bis Rheine stellt eine wichtige Verbindung zwischen der Staatsbahn der Niederlande (NS) und der Deutschen Bahn dar. Auch einige internationale Wagenkurse laufen dabei durch die Station. Im Treffpunkt Bad Bentheim ist ein Wechsel elektrischer Triebfahrzeuge erforderlich.
Hier findet das private Unternehmen Bentheimer Eisenbahn Anschluss, was mit einem regen Austausch von Waggons einhergeht.

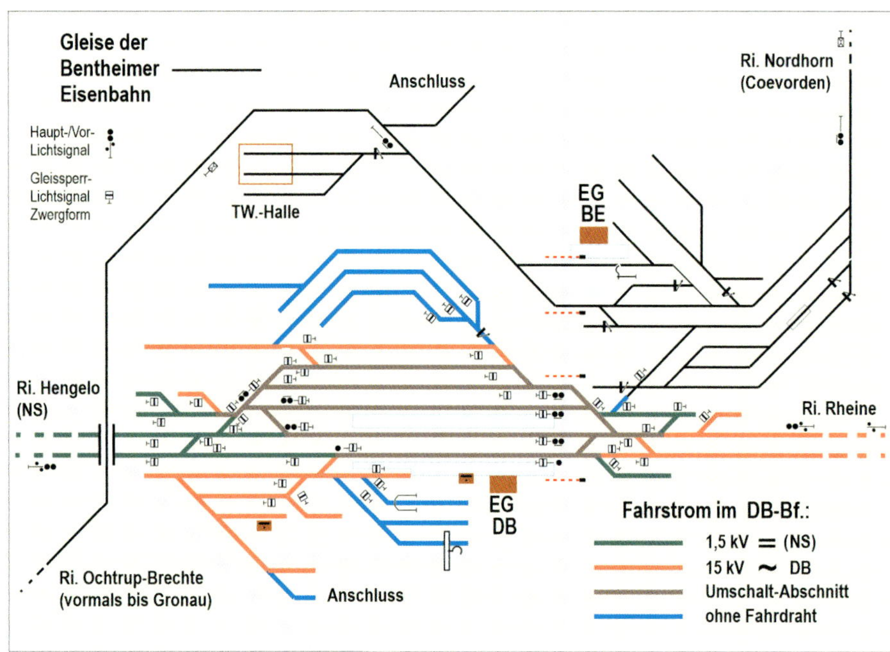

Schematischer Gleisplan der Bahnanlagen Bad Bentheims im Zustand 1991 (nach Vorlage von Rolf Köstner)
Im Modell-Vorschlag sind einige der Gleisanlagen fortgelassen bzw. reduziert. Dennoch sollte eine weitestgehende prinzipelle Nachstellung der betrieblichen Gegebenheiten möglich sein.

Unterirdische Gleisführung Maßstab 1:40. Die beiden zu unterschiedlichen Bahnstrom-Systemen gehörigen Abschnitte sind mit unterschiedlichen Farben gekennzeichnet.
Mehrfache Ziffern geben die verschiedenen Höhenwerte innerhalb der Kehren-/Wendel-Entwicklungen an. 1 cm-Neigungsschritte markiert. Steigungen maximal 1:31 = 3,3 %

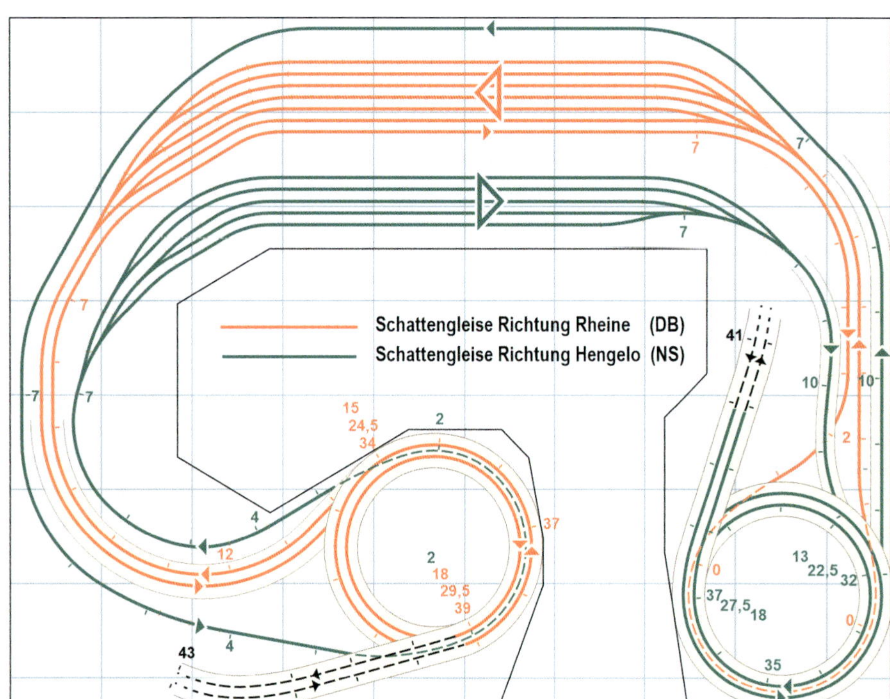

Dieser Planungs-Vorschlag will auch eine Erinnerung an Michael Meinhold sein, der als gescheiter und vielseitiger Modellbahn-Publizist noch immer unvergessen ist. Er hatte seinerzeit die Grundidee zu diesem Entwurf entwickelt, mit der diese Zusammenstellung von Anlagenplänen einen würdigen Abschluss erfährt.

Als hochinteressantes Vorbild dient der Bahnhof Bad Bentheim an der deutsch-niederländischen Grenze. Den betrachteten Zeitraum bilden die 1990er-Jahre, als vermehrt auch erstmals Fahrzeuge der noch eigenständigen Reichsbahn auf westdeutschen DB-Gleisen aushalfen.

Ins niedersächsische Bad Bentheim gelangen aber auch Elloks vom Netz der Nederlandse Spoorwegen, die anders als deutsche Wechselstrom-Loks auf 1,5-kV-Gleichstrom angewiesen sind. Demzufolge muss bei jeder systemüberschreitenden Ellok-Bewegung eine Umschaltung der Oberleitung erfolgen. Nicht systemkonforme Loks müssen sich derweil auf ausgewiesene Warte-Stutzen flüchten bis der Fahrweg zurück wieder für sie freigeschaltet wurde.

So lange man die Elektrifizierung im Modell nicht auch gleich technisch getreu nachvollzieht, sondern lediglich in den Bewegungen exakt die angenommenen Fahrstrom-Zustände respektiert, ist die Umsetzung des Themas sicherlich allemal „machbar und beherrschbar". Zumal der weitgehende Einsatz handelsüblicher Stückgleise vorgesehen ist. Auf einem anderen Blatt steht dann allerdings eine Ausstattung mit Fahrleitungen und Masten in der vorbildentsprechenden Form. Ebenso die tatsächliche funktionelle Aufstellung der Unmengen von Gleissperr-Lichtsignalen in Zwergform, die beim Vorbild aber auch für die gegenseitige elektrische Absicherung der Fahrwege unabdingbar ist.

Ein zusätzlich belebendes Moment bietet der Anschluss der privaten Bentheimer Eisenbahn. Dies ist ein Unternehmen, das mit recht respektablen Zugleistungen und einem reichhaltigen Fahrzeugpark aufwarten kann, wenngleich im nachgestellten Zeitrahmen kein regulärer Personenverkehr mehr durchgeführt wurde.

Die in ein mittelgroßes Zimmer gepasste Anlagenfigur legte eine zu öffnende Überbrückung des Zugangsbereichs nahe. Anders als für die sich in der Tiefe ausbreitenden Schattenbezirke für die DB- und NS-Schienenwege sah Michael Meinhold für den „off-stage"-Bereich der BE einen hinter der Kulisse angeordneten frei zugänglichen Abstellbereich vor. Dieser bildet eine gemeinsam für beide Streckenabgänge nutzbare Speicher- und Zugbildungsmöglichkeit. Eine Umkehr der Fahrtrichtung könnte dort durch das Umsetzen einer Lok über den „Gleiskringel" von einem zum anderen Ende eines Wagenverbands erfolgen.

Die szenische Ausstattung stellt sich angesichts der umgebenden flachen Landschaft nicht allzu schwierig dar, sie sollte aber möglichst durch einfühlsame Hintergrundgestaltung ergänzt werden.

Symbole und Legende

Üblicherweise in den Einzelbeiträgen verwendete Symbole (Auswahl)

generelle Durchfahrrichtung einer Gruppe von Schattengleisen

strikte Zugfahrrichtung auf einzelnem Gleis

Gleis wird in beiden Richtungen durchfahren

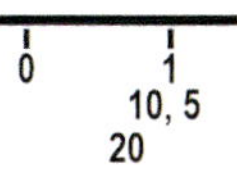

Höhenwerte der Gleislage; Mehrfach-Angaben bei übereinander gelegenen Strecken (z.B. in Wendel)

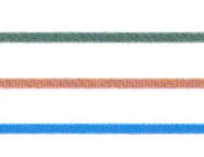
zusammengehörige Gleisabschnitte werden z.T. farblich gekennzeichnet

Haupt- und Vorsignale (als Formsignal)

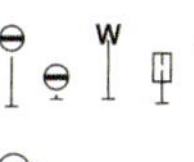

Gleissperrsignale, Wartezeichen, Halte-, Rangier-Endtafel

Abdrücksignal, Lademaß Wasserkran, Gleissperre

Die meisten Anlagenpläne werden häufig durch wie hier gezeigte Darstellungen ergänzt. Diese liefern oft noch nähere Angaben zu Höhenentwicklung, maßgebende Radien und Steigungswerte. Ein einheitliches Linienraster (zum Beispiel 50 cm Abstand in H0) hilft, den Flächenbedarf der Anlage einzuschätzen. Die unten gezeigten Beispiele sollen nur das Prinzip verdeutlichen, sie erheben nicht den Anspruch auf tatsächliche Machbarkeit und sollten nicht als Empfehlung für den direkten Nachbau angesehen werden!

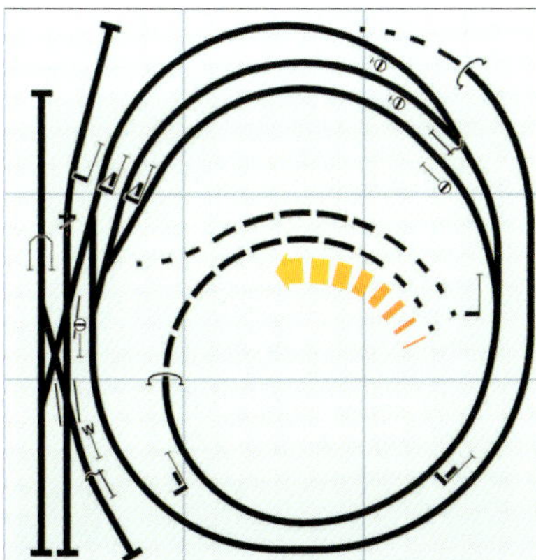
Sichtbare Gleisentwicklungen auf der Oberseite. Häufig werden hierin auch Standorte und Arten von Signalen und weiterer Einrichtungen in Symbolform vermerkt, welche im szenischen Plan meist nicht vollständig zu erkennen sind.

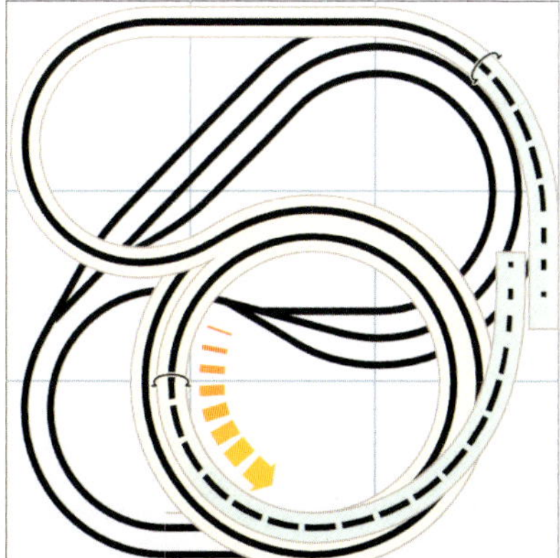
Streckenführung im verdeckten Bereich samt Schattenbahnhöfen. Trassen der Verbindungsstrecken farblich hervorgehoben. Ein gesondertes Symbol hilft, bei einer Wendel die Steigungsrichtung zu erkennen. Die Pfeilspitze weist nach oben.

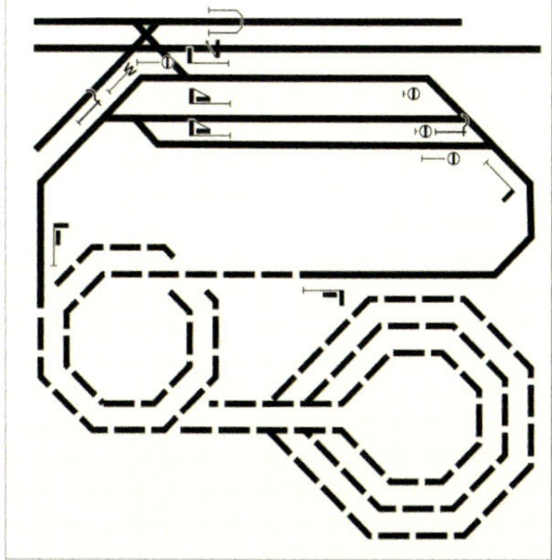
Aus einer solchen gestreckt gezeichneten Darstellung ist die einem Anlagenplan zugrundeliegende Idee leichter ablesbar. Eine derartige Strecken-Schematik kann auch als erster Anhalt für die Gestaltung eines Gleisbild-Stelltischs dienen.

Impressum

Verantwortlich: Andreas Ritz
Coverentwurf: GM
Satz: Azurmedia, Augsburg
Korrektorat: Ralf J. Klumb | The Wordworms

Repro: LUDWIG:media
Herstellung: Anna Katavic
Printed in Slovenia by Florjancic Tisk

Sind Sie mit diesem Titel zufrieden? Dann würden wir uns über Ihre Weiterempfehlung freuen. Erzählen Sie es im Freundeskreis, berichten Sie Ihrem Buchhändler oder bewerten Sie bei Ihrem nächsten Onlinekauf. Und wenn Sie Kritik, Korrekturen oder Aktualisierungen haben, freuen wir uns über Ihre Nachricht an GeraMond Media, Postfach 40 02 09, D-80702 München oder per E-Mail an lektorat@verlagshaus.de.

Unser komplettes Programm finden Sie unter 

Bildnachweis: Alle Abbildungen stammen vom Autor

Alle Angaben dieses Werkes wurden vom Autor sorgfältig recherchiert und auf den neuesten Stand gebracht sowie vom Verlag geprüft. Für die Richtigkeit der Angaben kann jedoch keine Haftung übernommen werden, weshalb die Nutzung auf eigene Gefahr erfolgt.

In diesem Buch wird aus Gründen der besseren Lesbarkeit das generische Maskulinum verwendet. Weibliche und anderweitige Geschlechteridentitäten werden dabei ausdrücklich mitgemeint, soweit es für die Aussage erforderlich ist.

Die Deutsche Nationalbibliothek verzeichnet diese Publikation in der Deutschen Nationalbibliografie; detaillierte bibliografische Daten sind im Internet über http://dnb.d-nb.de abrufbar.

3. Auflage

ISBN 978-3-96453-362-3